新版

新型职业农民培育规范教材

新型职业
农民培育读本

胡小兵 侯殿江 马 爽 主编

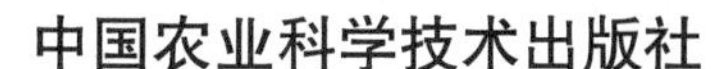

中国农业科学技术出版社

图书在版编目（CIP）数据

新型职业农民培育读本 / 胡小兵，侯殿江，马爽主编．—北京：中国农业科学技术出版社，2018.7

ISBN 978-7-5116-3776-5

Ⅰ.①新… Ⅱ.①胡…②侯…③马… Ⅲ.①农民教育-职业教育 Ⅳ.①G725

中国版本图书馆 CIP 数据核字（2018）第 142945 号

责任编辑 白姗姗
责任校对 李向荣

出 版 者 中国农业科学技术出版社
北京市中关村南大街 12 号 邮编：100081
电 话 (010)82106638(编辑室) (010)82109702(发行部)
(010)82109709(读者服务部)
传 真 (010)82106650
网 址 http://www.castp.cn
经 销 者 各地新华书店
印 刷 者 廊坊佰利得印刷有限公司
开 本 850mm×1 168mm 1/32
印 张 7.75
字 数 194 千字
版 次 2018 年 7 月第 1 版 2019 年 1 月第 3 次印刷
定 价 32.80 元

《新型职业农民培育读本》

编　委　会

前　言

实施乡村振兴战略，必须破解人才瓶颈制约。要把人力资本开发放在首要位置，畅通智力、技术、管理下乡通道，造就更多乡土人才，聚天下人才而用之。

大力培育新型职业农民。全面建立职业农民制度，完善配套政策体系。实施新型职业农民培育工程。支持新型职业农民通过弹性学制参加中高等农业职业教育。创新培训机制，支持农民专业合作社、专业技术协会、龙头企业等主体承担培训。只有这样才能让农村的人口压力转变为人才资源优势，才能真正为新农村建设提供源头活水。

由于编者水平所限，加之时间仓促，书中不尽如人意之处在所难免，恳切希望广大读者和同行不吝指正。

编　者

2018 年 5 月

目　录

第一章　新型职业农民的内涵与分类

第一节　职业农民的内涵与分类

一、新型职业农民概念的提出

农民职业化，就是把现在的兼业农户分解，进行职业上的分化，实现农民身份的多种转变，即由单一的农民转变为农业生产者、经营者，非农产业的生产者、经营者和城市市民，使农民成为一种职业表述，而非身份界定。在我国，“农民”是一个反映社会身份的概念，“职业农民”则是农业产业化、现代化过程中出现的新的职业类型，是一个既反映社会属性，又反映经济属性的概念。可以说职业农民是通过自主选择将农业作为产业进行经营，并充分利用市场机制和规则来获取报酬，以期实现利润最大化的理性经济人。

新型职业农民概念具有鲜明的时代特征和需求导向。新型职业农民问题起源于城市化背景下农民分工分业分化的背景，包括转移农民职业化和务农农民职业化两个分支，最终发展方向是实现农民现代化，即实现农民的生活、素质、能力、关系的自由全面发展。

培育新型职业农民，既是我国农业发展新阶段的客观需要，也是推动农业现代化和提高农民收入水平的现实选择，更是农民分工分业不断深化的必然要求。从新型职业农民与新型农业经营主体的关系和发展路径来看，首先，新型农业经营主体培育更确切地说是新型职业农民发育的“蓄水池”，从兼业化向专业化、从小规模向规模化、从传统农民向现代农民转型是新型职业农民的基础；其次，通过对培养壮大的联户经营、专业大户、家庭农场主、合作社带头人进行职业化培训可以说是促成新型职业农民“成型”；最后，通过新型职业农民认定准入体系设置经营现代农业“门槛”和通过激励政策使“培训”和“培育”合二为一，从而实现新型职业农民的“培育—培养—培训—培育”的长效机制。

二、新型职业农民的内涵

对职业农民的定义，目前学术界尚未形成统一的观点。长期以来，西方学术界一直以 peasantry（传统农民）而不是 farmer（职业农民，也翻译成农场主）称呼中国农民。根据美国人类学家沃尔夫的经典定义，传统农民主要追求维持生计，他们是身份有别于市民的群体；而职业农民则充分地进入市场，将农业作为产业，并利用一切可能的选择使报酬极大化。沃尔夫对传统农民和职业农民的定义实际上道出了两者的最大差别。传统农民是社会学意义上的身份农民，它强调的是一种等级秩序；而职业农民更类似于经济学意义上的理性人，它是农业产业化乃至现代化过程中出现的一种新的职业类型。

我国对新型职业农民的基本定义为自主选择在农业一二三产业充分就业，专业从事农业生产、经营或服务工作，具有较高农业生产技能，具有一定生产规模，其主要收入来源于农业生产且高于当地城镇居民平均收入水平的农业从业人员。目前认识比较一致的新型职业农民应符合 4 个基本条件，即以农业为职业、占有一定的资源、具有一定的专业技能、收入主要来自农业。据此，新型职业农民的培养对象应为种养大户和家庭农场主，也有一些文献提出培养对象为农民企业家、农民致富带头人、社会化经营管理者、非农产业工人、农村基层干部等。

中央提出“新型职业农民”很有深意。新型与传统对应，职业与身份对应。传统农民是社会学意义上的身份农民，强调的是一种社会结构；职业农民是经济学意义上的理性人，强调的是产业结构。两者的显著差别是：①传统农民是一种身份“世袭”，具有强制性，不可选择；职业农民没有世袭和强制，具有自主性，可自由选择。②传统农民是农村生、农村长，在城乡二元结构体制下难以流动，相对封闭；职业农民没有出生地限制，可以自由流动，是一种开放状态。③传统农民是小生产，分散经营、自给自足；职业农民是能够主动适应现代农业产业化、市场化、规模化、标准化要求的职业人，享有与其他行业劳动者同等的职业保障和权益。

三、新型职业农民的分类

新型职业农民具有明显的时代性、阶段性和区域性特征。新型职业农民概念的提出，有机地将新型农民和职业农民结合起来，适应了我国农村劳动力结构变化和现代农业发展的新形势，体现了农民从身份向职业转变、从兼业向专业转变、从传统农业生产方式向现代农业生产经营方式转变的新要求。

当前，新型职业农民按照从事农业产业类别，大体分为3种类型。

（一）生产型职业农民

这类职业农民大多掌握一定的农业生产技术，有较丰富的农业生产经验，直接从事园艺、鲜活食品、经济作物、创汇农业等附加值较高的农业生产，如种植大户、养殖大户、加工大户等。

（二）经营型职业农民

这类职业农民有资金或技术，掌握农业生产技术，有较强的农业生产经营管理经验，主要从事农业生产的经营管理工作。主要包括农民专业合作社负责人、涉农企业领办人、家庭农场领办人等。

（三）技能服务型职业农民

这类职业农民是指掌握一定农业服务技能，并服务于农业产前、产中和产后的群体。主要包括为农业生产提供服务的专业人员等，如农产品经纪人、农资营销员、农作物植保员、动物防疫员、沼气生产工、农机驾驶员、农机修理工等。

第二节　新型职业农民的主要特质

职业农民是国家工业化、城市化达到相当水平之后，随之伴生的一种新型职业群体，也是农业内部分工、农民自身分化的必然结果。美国人类学家沃尔夫曾把职业农民与传统农民作了对比分析。他认为，传统农民主要是为追求生计，是与市民身份相对应的群体；而职业农民则是充分地进入市场，将务农作为商品产业，利用一切可能的选择使报酬最大化。依据这一理论，结合当今中国农民职业化演进的实际，职业农民的内涵应有 4 个特质。

一、全职务农

职业农民的经济活动是以从事农业再生产为主体，并以此为主要经济收入来源。在职业规划上，职业农民以务农作为自己的终身职业选择。稳定性是对职业农民的基本要求，因为农业具有周期长的特点，只有稳定性才可能积累农业生产经验，提高农业生产水平。稳定性的另一个表现是新型职业农民把务农作为终身职业，而且有农业生产的后继者。

二、高素质

这主要体现在两个方面：文化素质和职业素质（包括具体专业技能、相关的经营管理能力）。较高的文化素质是职业农民的基本素质；专业技能是职业农民的资质标识。在农业自身不断分化、细化的背景下，专业技能标准也将不断提高。同时，从事大规模的商品生产，要求职业农民具备很强的市场意识，具有营销、品牌、借用现代信息手段经营等新的理念。

三、高收入

新型职业农民生产的目的在于为市场提供农产品，所以要充分地进入市场，通过利用市场信息，提高产品质量，调整农产品结构，延长农业产业链条和农业的多功能性等满足消费者需求，通过一切可能的选择追求报酬的最大化。因此，新型职业农民一般具有较高的收入。从西方发达国家的经验来看，职业农民的收入基本都能与城市居民齐平。如日本 1973 年后，农民收入就一直高于城市居民；美国农民的收入也是略高于城市居民。中国未来的职业农民，不但要比传统农民收入高，而且也要比兼业农民的收入高，至少应与城市居民收入相当，甚至高于城市居民收入。

四、社会尊重

新型职业农民不仅有文化、懂技术、会经营，其社会责任要求也不断扩大。首先，要求新型职业农民的行为要对消费者负责，保障为社会提供安全、可靠的农产品。其次，要求新型职业农民对环境负责，如不滥施化肥、农药，不破坏植被等，即承担对环境的责任。再次，要对后代负责。农业是人类生存的基础，土地要做到永续利用，为子孙后代留下最宝贵的可利用资源。可见，新型职业农民具有更多的社会责任，不仅要对自己负责，还要求其行为对他人、生态环境、社会和后人承担责任。职业农民将破除社会对传统农民“身份”的歧视，真正从社会成员阶层转为经济产业职业，并且能得到与教师、工程师等其他职业一样的社会认同与尊重。

第三节　传统农民与职业农民的本质区别

正确区分传统农民与职业农民，对开展职业农民培训具有重大意义。在我国，长久以来，农民是一种身份而不是职业，将农民作为一种职业提出来，这在我国是第一次。职业农民虽然也是农民，但是不同于传统意义的农民。职业农民是将农业作为产业来经营，充分利用市场机制和规则获取报酬，以期实现利润最大化的理性经济人。职业农民是一个特定的概念：一是必须从事农业生产和经营；二是必须以获取经济利润为目的；三是必须作为一种独立的职业。传统农民是社会学意义上的身份农民，是一种等级秩序；而职业农民更类似于经济学意义上的理性人，它是农业产业化乃至现代化过程中出现的一种新的职业类型。传统农民是“世袭”的，具有强制性及不可选择性；而职业农民是由从事农业生产经营的人员自我选择的，具有自主性。传统农民是当地“土生土长”的，难以流动，具有封闭性；而职业农民既可以是当地人员，也可以是外地农民、城镇居民，可以自由流动，具有开放性。传统农民对于经营素质、科技知识、资金投入等方面的条件可有可无、可多可少，几乎没有什么约束；而职业农民在经营素质、科技知识、劳动技能、管理经验、资金投入等方面或某些方面则必须具备良好的条件，具有很强的约束性。从理论上来讲，农民要成为一种职业，必须同时具备以下三个重要条件：一是农民这种职业是由经营者或劳动者自主选择的，并能够充分就业、自由流动；二是从事农民这一职业的人员能够取得社会平均收益；三是从事农民这一职业的人员能够得到公正的社会待遇。其中，最重要的是第一个条件。现代农民不是一种身份、称呼，而是有尊严、有保障的职业。从以上观点可以看出，传统农民和职业农民是有很大区别的。只有深刻了解职业农民的内涵，才能正确地区分传统农民和职业农民，根据现代农业发展和培养职业农民的需要，明确职业农民培训目标，积极探索符合职业农民培训的方式方法，有针对性地建立统一规范、齐抓共管、形式多样的农民教育培训体系，培养造就一批有文化、懂技术、会经营的新型农民，以吸引更多的农民转变成为职业农民。

第二章　新型职业农民的培育

我国农民职业教育与新型职业农民培育农民职业教育是一个单独的、特殊的教育类型，不能混同于普通教育、农业职业教育和农村职业教育，更不能用农民技术技能培训来代替。提出“新型职业农民”，并大力发展农民职业教育，就是要通过国家政策扶持引导，让更多的人愿意成为新型职业农民，就是要通过设立国家农民职业教育制度，建立自上而下的国家农民教育培训体系，把更多的农民教育培养成新型职业农民，为发展现代农业提供强有力的人才支撑。

第一节　农民职业教育

一、农民职业教育是一种单独的教育类型

长期以来，中央和各级政府、部门在农业农村人才队伍建设政策文件中，根据当时的工作重点，有农村教育、农业教育、农业职业教育、农民教育培训等多种提法，在工作实践中，也创造了学校教育、电大函授教育、广播电视教育、科技培训等多种形式的教育培养类型和模式。客观地说，各部门各行业对农业、农村、农民的教育培训开展了大量的工作，但某种程度上，这种状况也不利于形成工作合力，尤其针对务农农民的农民职业教育。从认识上看，农民职业教育长期被其他教育培训类型所代替，在实际工作中被严重边缘化，既造成了我

国整个教育制度的困惑，使教育改革步履维艰，严重影响了农民人均受教育年限的提高，更为严重的是，面对当前工业化、城市化过程中出现的农村劳动力大量转移，务农农民的结构和素质问题更加突出，严重威胁国家粮食和农产品安全，严重制约“四化同步”发展战略的顺利实施。

（一）职业教育具有特质性

义务教育、普通教育不能代替职业教育，职业教育不是低层次的普通高等教育，而是九年义务教育的两大延伸教育类型之一。职业教育是职业知识、职业技能和职业道德的全面教育，与义务教育、普通高中教育、高等教育有着本质的不同。20 世纪 80—90 年代，我国建立了职业高中、职业中专、高职高专教育制度，开启了我国职业教育的先河。但与美、德、英、澳大利亚、日本、印度、新加坡和我国台湾地区相比，一方面，我国职业教育没有本科及以上层次，而且各职业教育层次之间缺乏有效的衔接；另一方面，我国的职业教育仍是延续传统的“围墙式”学校教育模式，与产业发展实际严重脱节。

（二）传统农业职业教育不能代替农民职业教育

农民职业教育不是低层次的传统农业职业教育，农民职业教育是农村职业教育的两大教育类型之一。长期以来，我国农村职业教育被认为是农业职业高中、农业中职和高职高专教育，培养对象是初中后、高中后毕业生，而农村从事农业生产的有志青年、返乡农民工、退伍军人、乡村干部等群体被排除在外。20 世纪 80 年代，为了满足这部分群体学科学、用科学的需求，农业广播电视教育在中国大地上艰难崛起，经过 30 年的办学历程，目前已经培养了 440 多万具有中专学历的农村实用人才，甚至相当一部分乡村干部、基层农技人员都是农广校的毕业生。然而，由于我国对“全日制教育”的片面、模糊认识，适合务农农民学习的乡村办学模式被认为是函授、电大教育，长期被贴上“非全日制”的标签，被排挤在农村职业教育制度之外。近几年来，国家对中等职业教育逐步实行免学费和助学政策支持，由于唯一支撑“中国农民职业教育”的农广校中等职业教育被认为是“非全日制”，用“围墙式”职业教育的“尺子”来衡量，进行政策落实的监督检查，致使农民职业教育逐渐被国家政策所抛弃。

教育部、农业部等9个部委联合发布了《关于加快发展面向农村的职业教育的意见》，明确提出：面向农村的职业教育是服务农业、农村、农民的职业教育，包括办在农村的职业教育、农业职业教育和为农村建设培养人才的职业教育与技能培训。同时，教育部会同农业部正在研究构建农民职业教育制度，计划出台新型职业农民中等职业教育培养方案，农民职业教育有望成为一种国民教育制度体系，得到国家政策的扶持。

因此，传统的农业职业教育培养的是“农民的儿子”，更多的是为城市培养实用人才，或者为农村培养农业科技人员、乡村干部等，毕业后从事农业生产的极少。而农民职业教育是在岗的务农农民的职业教育，培养的是留得住、用得上、高素质、高技能、会管理、会经营的新型职业农民。农村职业教育必须同时抓好这两种教育类型，任何一种都不能偏废，更不能抛弃务农农民的职业教育，因其关系到国家粮食安全、农产品质量安全和现代农业发展的现实和未来。

（三）技术技能培训不能代替职业教育

技术技能培训不是低层次的职业教育，职业教育是新型职业农民教育培养的两大教育类型之一，与培训有本质的区别。职业教育是对某个职业或某个生产劳动行为的知识、技能和道德的长期、持续的素质培养，是解决个性长远发展的引导性学习。职业教育既有职业性又有教育性，不仅是知识技能的传授，还有职业道德的培养；不仅使受教育者有业，更使受教育者主体性的乐业和设计性的创业。技术技能培训是针对某个特定岗位的技能进行的短期专门训练，是解决受训者近期发展的实践性学习。新型职业农民的典型特征是高素质，不仅需要知识技能，更需要宽广的视野、综合的管理和就业创业能力，还需要优良的职业道德和诚信的经营意识。农民培训只是侧重于技术和技能，是短期的一事一训，只是告诉农民怎么做，而农民职业教育是全面系统的综合素质提升的综合性职业素质教育，不仅要解决怎么做的问题，还要解决为什么这么做的问题，从观念、理念、道德、技术、能力等方面全方位地提升农民素质。因此，职业教育包含技术技能培训，但是技术技能培训绝对不能代替职业教育，培养新型职业农民必须教育和培训并重。

综上所述，农民职业教育是一个单独的、特殊的教育类型，不能混同于普通教育、农业职业教育和农村职业教育，更不能用农民技术技能培训来代替。我国长期把农民视为住在乡村、生活贫穷的“身份”，而不是有收入、有尊严的“职业”，提出“新型职业农民”，并大力发展农民职业教育，就是要通过国家政策扶持引导，让更多的人愿意成为“新型职业农民”，就是要通过设立国家农民职业教育制度，建立自上而下的国家农民教育培训体系，把更多的农民教育培养成“新型职业农民”，为发展现代农业提供强有力的人才支撑。

二、我国农民职业教育面临的困境

随着我国工业化、城镇化的快速发展，大批农村有文化、有技能的青壮年劳动力离开土地转移到城市或非农产业就业，务农农民老年化、农业生产兼业化、文化程度低层次化现象十分严重，未来“谁来种地”“如何种好地”“如何保证有限的土地资源持续有效利用、产出足够的粮食”等问题已实实在在摆在面前。对此，社会各界广泛关注，中央高度重视，着力构建集约化、专业化、组织化、社会化相结合的新型农业经营体系，培育新型市场经营主体，大力培育新型职业农民，成为各方的共识。大力培育新型职业农民，教育培训是核心和基础，必须从农民技术技能培训中走出来，大力发展农民职业教育。

那么，当前我国农民职业教育的真实情况怎样？存在哪些制约因素？对此，我们必须有清醒的认识。

（一）农民职业教育吸引力变弱

目前，我国城乡差距仍然十分巨大，农民劳动强度大、经济收益低，始终带着“苦、累、穷”的落后标签，社会上轻视农民的观念十分严重。一是社会追求高学历和学历高消费。高校扩招、就业困难，整个社会和家庭把考大学作为决定子女前途命运的唯一选择。用人单位要求高学历，形成学历高消费，职业教育变成低等教育，对受教育者的吸引力不断下降，涉农职业教育更没有吸引力。二是年轻人盲目追求城市生活。农村家庭新生代能考上学的，不论上大学还是职业学校都是为了离开农村，在城市即使找不到工作，甚至宁可“啃老”也不愿意回农村务农。三是受“致富农民必须要减少农民”观念的片面导向。现行各类教育政策和制度设计，包括农业职业教育和农村职业教育几乎都是帮助农民从农村转移出去，在充分发挥加快转移农村富余劳动力正效应的同时，也不可避免地带来了盲目离农的负效应，进一步削弱了涉农中等职业教育的吸引力。

（二）培养新型职业农民难度大

当前，我国农民工总量约为 2.63 亿，每年仍以 900 万~1 000万人的速度加速转移，务农农民尤其是青壮年农民急剧减少。据有关部门统计，2010 年 50 岁以上农业从业人员已经达到40%，据相关部门预测，我国农村人口老龄化程度将长期高于城市，到2030年农村人口老龄化将达到33%，高出城市11.7个百分点；到2050年农村人口老龄化将达到40%，高出城市7.7个百分点。随着城镇化快速推进，农村劳动力将持续向城镇转移就业，农业劳动力素质呈结构性下降态势，农村劳动力中，小学、初中文化程度的已经占到70%以上。“巧妇难为无米之炊”，农业后继无人大大加剧了农民职业教育的难度。

（三）农民职业教育边缘化严重

以就业、效益为导向以及“嫌贫爱富”的价值取向，决定职业院校（包括高等院校）必须以出口决定入口、生存决定发展。为此，迫于就业、招生和生存压力，一大批农业职业院校和农业高等院校不得不放弃农科专业转办金融、文艺等其他专业为城市服务。高等农业院校也纷纷转办综合大学，有的省级农业大学涉农专业在校生已经降到20%以下，充分说明我国高等农业院校办学方向和办学模式也亟待改革，面向生产一线的职业教育改革势在必行。世界发达国家在办好一小部分研究型大学的同时，更多地发展应用本科教育的做法，非常值得我们深思和借鉴。实践将充分证明，我国高考制度和大学制度改革必须从建立现代职业教育体系中取得突破。

（四）农民职业教育条件严重滞后

当前，随着国家对“谁来种地”“如何种好地”的问题特别是新型职业农民培育问题越来越重视，社会对农民教育培训的关注度越来越高，对农民职业教育条件的要求也越来越高。农业优质教育资源主要集中在城市职业院校中，农民能就地就近学习的条件和手段非常落后，农民学习无场地，教师下乡无工具的现象普遍存在。以全国农广校体系为例，作为国家开展农民教育培训的专门机构，在开展农民职业教育和培训方面一直发挥着主阵地、主渠道、主力军的作用，但建校30多年来，国家对基层农广校一直没有系统地投入建设资金，全靠学校多方争取支持或自筹资金来改善，致使部分学校存在办学条件落后，技术手段较差，基础设施不足，师资队伍总量不足、结构不合理、素质不高、教学管理水平较低等问题。有些相关部门不鼓励、不保护、不支持、不引导，反而因其教学条件不好、不符合国家办学条件标准等为由限制其开展农民职业教育，严重挫伤了基层农广校和广大教职工的办学积极性。各级政府投入的农民教育培训项目很多，但执行力度都很不理想，一个主要的原因是适合于农民职业教育的教育培训体系极其薄弱。

（五）农民职业教育政策效益变低

据不完全统计，涉及农民教育培训的部门有20多个，农业农村部、教育部、劳动和社会保障部、共青团、妇联等部门都在不同程度地开展农民教育培训。在农业系统内，农广校、农业科研院所、农业院校和农业推广服务机构以及农业园区、农业企业和农民专业合作社等都从不同层面开展农民职业教育。政出多门导致教育培训资源分散，难以形成合力，农民职业教育层次不高、覆盖面不广，低水平重复现象严重，而且不同部门、不同地区之间教育培训经费分配、教育培训效果都存在较大差异。另外，教育培训市场发育不完善，工商资本进入主体培训，导致农民教育培训的公益性地位不能保证，甚至出现市场无序竞争、部门寻租腐败滋生等现象。

三、现代农民职业教育发展的对策

农民职业教育想要在尴尬的困境中摆脱出来并健康发展，满足培养新型职业农民的要求，迫切需要在深入研究、构建制度、创设政策、完善体系等方面进行系统考虑，强化顶层设计。

（一）强化现代农民职业教育制度重大问题研究

建立现代农民职业教育制度，走出一条中国特色的农民职业教育道路，是一项涉及多行业、多部门的系统工程，必须强化研究，在深厚的理论指导下，提出方向性、科学性、方法性的指导意见。一要搭建新型职业农民重大问题研究平台。成立专家咨询组织，加快对新型职业农民的目标内涵、能力结构、成长规律、学习特点、教育培训、评价认证、政策扶持等重大问题的深入研究，并对新型职业农民培育实践探索工作进行咨询和指导。二要建立现代农民职业教育理论研究长效机制。结合实际需要，制定新型职业农民培育理论研究指南，将其列为农业部软课题重要内容，并积极争取纳入国家社科和教育科学软课题，引导和鼓励高层次专家学者和广大农民职业教育工作者开展相关理论研究。三要加强现代农民职业教育培训实践总结。对全国各地农民教育培训的好经验、好方式、好做法固化下来转化为模式，如"创业培训"模式、"送教下乡"模式、"三进村"模式、"田间学校"模式等，便于复制推广。同时，要注重学习借鉴发达国家在推进城市化、工业化，发展农业现代化过程中培育职业农民的经验和教训，避免走弯路。

（二）构建现代农民职业教育制度

必须针对务农农民的学习特点和规律，设计适合新型职业农民接受的教育制度。一是在办学形式上，要敞开校门。大力推进"送教下乡""农学结合"的办学方式，把职业教育办进村、办进合作社（场），就地取材就地培养，让农民在学中干、干中学，既能缓解生产与学习的矛盾，又能扎住根，留得住、用得上。二是在教学安排上，要打破常规。改变秋季招生、从基础学起的传统教学思维，按照农时季节和农民生产生活节奏安排教学内容、时间和地点，并将多媒体远程教学、现场指导、集中授课、实践实习等多种教育教学方式有机衔接，充分体现灵活性、实用性。三是在课程设置上，要突破学科。强化课程、淡化专业，强化实践、淡化理论，强化模块、淡化系统。按照新型职业农民生产经营全过程，设计课程或能力模块，突出现场实践教学，突出教学实用性和实效性。四是教材内容要简单实用。突出生产过程和关键技术，教材简短、通俗易懂、生动活泼。同时大力开发声像媒体教材和网络教学课件，推进教学媒体综合配套。

（三）创设现代农民职业教育重大支持政策

现代农民职业教育是公益性事业，外部性很强，必须要有政府的强力干预。一要将农民职业教育纳入国家助学政策体系，加快解决农民就地就近“半农半读”“农学结合”以及接收职业教育享受国家助学和免学费政策问题。二要推进新型职业农民培训工程，在阳光工程向新型职业农民培训转型的基础上，增加新型职业农民系统化培训和创业培训两个专项，实现新型职业农民免费培训常态化。三要强化对新型职业农民创业进行的扶持引导。支持职业农民承担农业项目，给予信贷发放、土地使用、税费减免、技术服务等方面的政策优惠，稳定现有职业农民队伍。四是积极推进农业高等教育向农村延伸，深化招生制度改革，探索对农业大户和农业大户子女免试推荐入学，定向招生、定向培养，吸引农村“两后生”学农务农，鼓励大学毕业生到农业生产一线就业创业，不断提高职业农民的教育层次，发展壮大职业农民队伍。

（四）完善现代农民职业教育培训体系

培育新型职业农民是关系长远、关系根本的大事，是基础性工程、创新性工作。开展农民职业教育培训绝不是短期行为，必须要有较完善的现代农民职业教育培训体系为支撑。一是要建立健全农民职业教育培训体系。进一步明确农民教育培训的公益性定位，将农民职业教育培训体系作为国家公共服务体系建设的重要内容，像抓基层农技推广体系建设一样来抓农民教育培训体系，搭建新型职业农民终身教育平台。二是积极推进形成主体突出、多元化参与的体制机制。没有主体就没有核心，没有核心就没有凝聚力。要充分利用农广校体系健全的优势，依托各级农广校构建农民教育培训服务主体，明确教育培训组织管理职能，上联科研院所、大专院校，横联生产、推广、植保等技术部门，有效整合各类教育培训资源，为广大新型职业农民服务。三是加强基层农民教育培训条件建设。条件手段是教育培训能力的基础，是发挥主体功能和影响力的保证，要积极争取新型职业农民培训条件建设专项，重点加强县级农广校设施条件建设。根据农民教育培训特点，积极推进“空中课堂”“固定课堂”“流动课堂”“田间课堂”一体化建设，满足广大农民随时随地接受各类教育培训的需要。

第二节　新型职业农民培育的背景和意义

进入21世纪以来，我国农村劳动力持续大量转移，目前我国城镇化率已经超过52%，农民工数量已经达到2.6亿以上。在一些地方，转移出去的农民工70%以上是“80后”“90后”的青壮年劳动力，其中的70%以上表示不愿意回乡务农。留下来的务农农民平均年龄已经达到55岁，其中妇女超过60%，初中及以下文化程度的近83%，农村空心化、农业兼业化、农民老龄化和低文化趋势越来越明显，留在农村务农的劳动力的结构和素质问题已经十分突出，严重威胁粮食和农产品供给安全。我们应该警醒：一二十年后，当目前这一批五六十岁、对土地有感情的老人无法劳作时，一批对土地没有感情、不会种地的“农二代”“农三代”无法在城市“卖苦力”回乡种地时，或者有钱的“城里人”到农村把农业当“副业”、当“时尚”、当“休闲”时，再想摆脱我国农业劳动力的困境将为时已晚。因此，“谁来种地”问题绝不是危言耸听，我们应该超前行动、主动作为，把培育新型职业农民作为一项基本国策来特事特办。

事实上，不是今后没有人去种地，即使我国城市化率达到70%以上，农村仍然有5亿人，因此，“有人去种地”不是问题，而是“谁来种地”和“如何种好地”的问题。要提高农业农村的吸引力，让高素质劳动力留在农村务农，最关键的是效益有保障，与到城里打工有相同或更高的收入；最根本的是有社会保障、有职业尊严；最核心的是有爱农的感情，有从事农业的精神动力。因此，培育新型职业农民，要从城乡劳动力要素的政府统筹调控上、农业生产力和生产关系的调整完善上以及强农惠农富农政策的倾斜引导上去认识、去推进，立足根本、立足长远，对农业经营体制机制进行改革和创新。

一、持续提高农业农村的吸引力

从城乡一体化发展来看，要通过政府调控，促进城乡劳动力要素平等交换配置，使“农民”成为一份有收入、有保障、有尊严的“职业”，确保留在农村务农的劳动者是高素质、高技能、会管理、会经营的新型职业农民。城乡统筹首要的是劳动力（人）的统筹。我国农村劳动力存量巨大的国情，决定了城乡一体化发展的首要任务就是要让大批农村劳动力尽快真正融入城市，同时还要让一部分劳动力安心留在农村务农，实现城乡劳动力的平等、均衡、有效配置。劳动力的流向由劳动力定价、生存环境、社会保障等综合因素决定。在市场规律作用下，高素质劳动力无疑向劳动力定价高、生存环境好、有较高社会保障的地方流动。提出培育新型职业农民，就是要通过强有力的政府干预，消除市场缺陷，让留在农村的劳动者与城镇居民一样，能得到一份与城镇教师、医生等职业的同等待遇，把在农村从事农业生产转变为受人尊重的光鲜的工作岗位，从根本上消除城乡差距。

因此，“谁来种地”不是问题，关键在于要在城乡一体化发展过程中持续提高农业农村的吸引力。

二、持续提高农业的比较效益

从现代农业发展来看，要通过对农村新型生产经营主体进行分类，促进生产要素向适度规模生产经营农户“聚焦”，重点培养更加职业化的农民，确保把新型职业农民培养成现代农业的核心主体。现代农业需要先进的品种、技术、信息、装备等，更需要有高素质的劳动者。要改变目前我国农村劳动力素质低的现状，一方面政府要对适度规模经营农户进行教育培养和政策扶持，更重要的是要协调农村各生产经营主体之间的关系，让适度规模经营农户成为其他生产经营主体的基础支撑和基本依托，在市场中能够得到更多的利益。在目前的家庭“双层”经营条件下，必须大力发展龙头企业、专业合作社等新型生产经营主体，走规模化、组织化、集约化和专业化道路，但龙头企业、专业合作社等都不能代替农户经营，而且他们要依托农户经营才能得到发展。由于高劳动力成本、高自然风险、短生产生活距离等特点，农业生产环节特别适宜家庭经营，龙头企业如果没有规模农户作为支撑，高逐利必然走向“非农化”和“非粮化”，或进行粗放生产，做土地文章，变相进行资本运作。目前的专业合作社多为局部区域内的松散的生产合作，没有形成大规模、不同主体之间、以产业为纽带的全产业链合作，如果没有规模农户作为支撑，很难发挥合作社功能。营销性服务组织面对千家万户特别是传统农户和兼业农户，组织难度大，营销成本高，难以形成规模效应。培养新型职业农民，就是要培养新型生产经营主体中的基本细胞和核心主体，为发展现代农业提供体制机制支撑。培养新型职业农民，是培育新型生产经营主体的主要方向和首要任务，是关系农业经营体制机制创新的长远、根本举措。

因此，“谁来种地”不是问题，关键是要在解放农村生产力的同时，创新经营体制机制，着力培养新型生产经营核心主体，提高农业的比较效益。

三、持续提高政策的针对性和有效性

从“三农”政策实施看，要通过将政策向真正从事农业生产经营的新型职业农民身上倾斜，充分调动农民从事农业和粮食生产的积极性，确保“三农”政策的实施效率和效果。一方面我国农民群体大，居住分散，整体素质不高，要提高农技推广和农民教育培训的效率，必须通过示范户和带头人综合使用政策、技术、信息等并传播下去，真正解决“最后一公里”问题；另一方面，在农村土地承包稳定和长期不变的前提下，土地大量流转到种田能手身上，政策也必须尽快落实到真正种田的农民身上，通过政策引导，形成规模化、集约化、产业化的现代农业经营格局。提出新型职业农民，并进行科学界定、认定，就是要在现代农户与传统农户、兼业农户长期并存的前提下，对农民群体进行分类管理，把新型职业农民作为政府扶持、农技推广和教育培训的主要目标对象。

第三节　新型职业农民培育制度的构建

培育新型职业农民是城乡一体化和现代农业发展的重大制度变革，是一项涉及政策、体制机制和发展环境等多因素，牵动多部门多行业的复杂的系统工程，将伴随着我国城镇化和农

业现代化发展的全过程，要作为农村改革、现代农业发展的基础性工程、创新性工作，大抓特抓，坚持不懈。在推进思路上，要以家庭经营为基础，以切实保障农民利益为根本宗旨，以产业为导向，以城乡一体化发展为统领，以制度建设和素质提升为重点，不断强化政府责任、建立市场机制、营造培育环境。在推进策略上，要统筹兼顾，突出重点，试点先行，循序渐进地推进新型职业农民培育制度的构建。

一、大力推进新型城镇化进程

将农村劳动力有效地转移到城市是构建新型职业农民培育制度的基本前提。城乡一体化发展，一方面要将耕地流转给种养能手，适度扩大规模，提高农业效益，同时还要把解放出来的劳动力的出路问题解决好。推进新型城镇化，当务之急是彻底改变土地城镇化的“见物不见人”的模式，通过征地和户籍制度改革、城镇基础设施建设和保障房建设、社会保障和投融资管理机制完善等措施，切实解决转移农民的就业、住房、社会保障和子女教育等问题，将土地的城镇化与人的城镇化合二为一，使2亿多农民工尽快真正融入城市和城镇，成为真正意义上的市民，将农村留守妇女、老人和儿童逐步向城镇转移，为土地流转、规模经营和新型职业农民成长创造条件。

二、切实加强农民教育培训

培养教育是构建新型职业农民培育制度的核心和基础。新型职业农民的鲜明特征是高素质，培育新型职业农民必须教育先行，必须使培训常态化。在培养对象和目标上，要以“生产经营型”新型职业农民为重点，针对在岗务农农民、获证农民、农业后继者进行分类、分层、分产业开展。对在岗务农农民，要通过实行免费农科中等职业教育和农业系统培训，把具有一定文化基础和生产经营规模的骨干农民，加快培养成为具有新型职业农民能力素质要求的现代农业生产经营者；对获得新型职业农民证书（新型绿色证书）的农民要开展持续的经常性跟踪辅导培训；对农业后继者，要通过支持中高等农业职业院校定向培养农村有志青年，吸引农业院校特别是中高等农业职业院校毕业生回乡务农创业，为农村应届初高中毕业生、青壮年农民工和退役军人回乡务农创业提供免费全程培训等措施，培养爱农、懂农、务农的农业后继者。在培养方式上，要尊重农民的学习特点和规律，以方便农民、实惠农民为出发点，坚持教育和培训并重。要以“百万中专生计划”为主要抓手，大力推进“送教下乡”模式，建立“农学结合”弹性学制的农民学历教育制度；要以阳光工程为主要抓手，大力推进“农民田间学校”和“创业培训”模式，构建标准化、规范化、科学化的农民培训制度。在培养主体上，要下大力气构建以农业广播电视学校、农民科技教育培训中心等农民教育培训专门机构为主体，以农技推广、科研院所等为补充的新型职业农民教育培训体系；要大力推动“校校合作、校站合作”，发挥农业中等职业学校、推广部门等的作用，充分整合教育资源；要大力推进空中课堂、固定课堂、流动课堂和田间课堂建设，建立农民教育培训导师团等制度，努力提高农民教育培养的能力、质量和水平。

三、探索建立新型职业农民认定管理制度

认定管理是对新型职业农民扶持、服务的基本依据，是构建新型职业农民培育制度的载体和平台。全国要制定统一的认定管理意见，建立“政府主导、农业部门负责、农广校等受委托机构承办”的体制机制，深度改造认定农民技术等级的“绿色证书”，建立认定农民职业资格的“新型绿色证书”制

度。各地要根据各地实际，充分考虑不同地域、不同产业、不同生产力发展水平等因素，根据农民从业年龄、能力素质、经营规模、产出效益等，科学设定认定条件和标准，研究制定具体的认定管理办法。各地政府要明确认定主体、认定责任和认定程序，明确农民教育专门机构在认定和服务上的主体地位、管理协调作用，加强建设和管理。对经过认定的新型职业农民建立信息档案，并向社会公开，定期考核评估，建立能进能出的动态管理机制。认定程序上可以先进行调查摸底，锁定目标进行重点培育，等培育成熟后再进行认定扶持；也可以高标准、严要求锁定目标进行直接认定，给予政策扶持。不管采取哪种方式，认定工作都要做好翔实的调查，因地制宜制定操作方案；要充分尊重农民意愿，特别是要确保获证与政策扶持相衔接，使农民得到实惠；要公开透明，主动接受社会监督，更不能以任何名义收费；要根据各地实际分产业、分层、分类循序渐进地推进，绝不能一哄而上，急于求成，绝不能搞形式主义，搞一刀切。

四、着力构建新型职业农民扶持政策体系

政策扶持是推动新型职业农民成长的基本动力，是构建新型职业农民培育制度的根本保障。政府要分产业、分层、分类制定扶持政策，要重点向从事粮食生产、有科技带动能力、生产经营型的新型职业农民倾斜。

在生产扶持方面，要在稳定现有政策的基础上，将新增项目向新型职业农民倾斜。防止补贴向土地承包经营权的使用者转移，否则新型职业农民得不到实惠，就起不到提高生产积极性的作用。要逐步将新增补贴从收入补贴向技术补贴、教育培训补贴转变，构建新型农业经营体系下的强农惠农富农政策的新体系。

在土地流转方面，要在登记确权基础上，建立土地有效流转机制，引导土地向新型职业农民流转。

在金融信贷方面，要持续增加农村信贷投入，建立担保基金，解决新型职业农民扩大生产经营规模的融资困难问题。

在农业保险方面，要扩大新型职业农民的农业保险险种和覆盖面，并给予优惠。

在社会保障方面，探索提高新型职业农民参加社会保险比例，提高养老、医疗等公共服务标准等。

在教育培训的政策支持方面，要尽快对务农农民中等职业教育实行免学费和国家助学政策，深度改造阳光工程，确保全部用于新型职业农民教育培养，把农广校条件建设纳入国家基本建设项目，启动实施新型职业农民教育培养工程，把更多的农民培养成新型职业农民。

第三章　新型农业经营主体的培育

第一节　新型农业经营主体的内涵

党的十八大提出建立新型农业经营体系。“新型农业经营体系”这一概念在中共中央文件中是第一次被提及。所谓“新型”，是相对于传统小规模分散经营而言的，是对传统农业经营方式的创新和发展。“农业经营”的涵义较广，既涵盖农产品生产、加工和销售各环节，又包括各类生产性服务，是产前、产中、产后各类活动的总称。“体系”泛指有关事物按照一定的秩序和内部联系组合而成的整体，这里既包括各类农业经营主体，又包括各主体之间的联结机制，是各类主体及其关系的总和。

一、新型农业经营主体的定义

新型农业经营主体是建立于家庭承包经营基础之上，适应市场经济和农业生产力发展要求，从事专业化、集约化生产经营，组织化、社会化程度较高的现代农业生产经营组织形式。从目前的发展来看，新型农业经营主体主要包括专业大户、家庭农场、农民合作社、产业化龙头企业等类型，是新型农业经营主体的组织形态。其主要实施者就是家庭农场主、农民合作社理事长、产业化龙头企业法人代表等“领办人”，属于新型职业农民范围，是新型农业经营主体的个体形态。随着我国农业农村经济的不断发展，以农业专业大户、家庭农场、农民合作社和农业企业为代表的新型农业经营主体，日益显示出发展生机与潜力，并已成为中国现代农业发展的核心主体。

二、新型农业经营主体的主要特征

（一）以市场化为导向

自给自足是传统农户的主要特征，商品率较低。在工业化、城镇化的大背景下，根据市场需求发展商品化生产是新型农业经营主体发育的内生动力。无论专业大户、家庭农场，还是农民合作社、龙头企业，都围绕提供农业产品和服务组织开展生产经营活动。

（二）以专业化为手段

传统农户生产“小而全”，兼业化倾向明显。随着农村生产力水平提高和分工分业发展，无论是种养、农机等专业大户，还是各种类型的农民合作社，都集中于农业生产经营的某一个领域、品种或环节，开展专业化的生产经营活动。

（三）以规模化为基础

受过去低水平生产力的制约，传统农户扩大生产规模的能力较弱。随着农业生产技术装备水平提高和基础设施条件改善，特别是大量农村劳动力转移后释放出土地资源，新型农业经营主体为谋求较高收益，着力扩大经营规模、提高规模效益。

（四）以集约化为标志

传统农户缺乏资金、技术，主要依赖增加劳动投入提高土地产出率。新型农业经营主体发挥资金、技术、装备、人才等优势，有效集成利用各类生产要素，增加生产经营投入，大幅度提高了土地产出率、劳动生产率和资源利用率。

三、各类农业经营主体的功能定位

专业大户和家庭农场具备的适度规模、家庭经营、集约生产的特点，决定了其主要形成在二三产业较为发达，劳动力转移比较充分。农村要素市场发育良好的地区，功能作用体现在通过从事种养业生产，为生活消费、工业生产提供初级农产品和加工原料。

农民合作社是带动农户进入市场的基本主体，是发展农村集体经济的新型实体，是创新农村社会管理的有效载体，特别在农资采购、农产品销售和农业生产性服务等领域比较有效，具有带动散户、组织大户、对接企业、联结市场的功能，应成为提高农民组织化程度、引领农民参与国内外市场竞争的现代农业经营组织。

龙头企业集成资金、技术和人才，适合在产中服务和产后领域发挥功能作用。在产中主要为农户提供各类生产性服务，包括农业生产技术、农资服务、金融服务、品牌宣传、新品种试验示范、基地人才培训等方面。在产后主要开展农产品加工和市场营销，延长农业产业链条，增加农业附加值。

四、新型农业经营主体和传统农户的关系

一是大量的传统农户会长期存在。家庭承包经营是我国农村基本经营制度的基础，传统农户是农业基本经营单位。因此，不能因为强调发展新型农业经营主体，就试图以新型农业经营主体完全取代传统农户，这是一个误区。此外，这些小规模农户存在先天不足，抗御自然风险和市场风险的能力较弱，而且在我国农业市场化程度日益加深、农业兼业化和农民老龄化趋势不断加快的过程中，传统农户的弱势和不足表现得更加明显。在支持新型农业经营主体的同时，也要大力扶持传统农

户，这不仅是发展农村经济、全面建成小康社会的需要，也是稳定农村大局、加快构建和谐社会的需要。

二是新型主体和传统农户相辅相成。新型经营主体与传统农户不同，前者主要是商品化生产，后者主要是自给性生产。两者有一定的竞争关系，更有相互促进的关系。新型主体发展，尤其是龙头企业、合作社，可以对传统农户提供生产各环节的服务，推动传统农户生产方式的转变。与此同时，传统农户也可以为合作社、龙头企业提供原料，成为其第一车间。在发展中，特别是在扶持政策上，对传统农户和新型经营主体并重，不可偏废。

第二节　不同类型农业经营主体的定义及功能

一、专业大户

（一）专业大户的定义

专业大户包括种养大户、农机大户等，这里主要指种养大户。通常指那些种植或养殖生产规模明显大于当地传统农户的专业化农户，是指以农业某一产业的专业化生产为主，初步实现规模经营的农户。目前，国家还没有专业大户的评定标准，各地各行业的专业大户的评定标准差别较大。在现有的专业大户中，有相当部分仅仅是经营规模的扩大，集约化经营水平并不高。

（二）专业大户的主要功能

专业大户是规模化经营主体的一种形式，承担着农产品生产尤其是商品生产的功能以及发挥规模农户的示范效应，向注重引导其向采用先进科技生产手段的方向转变，增加技术、资本等生产要素投入，着力提高集约化水平。

二、家庭农场

（一）家庭农场的定义

家庭农场是指以农民家庭成员为主要劳动力，利用家庭承包土地或流转土地，从事规模化、集约化、商品化农业生产，以农业经营收入为家庭主要收入来源的新型农业经营主体，是农户家庭承包经营的“升级版”。家庭农场经营范围除从事种植业、养殖业或种养结合，可兼营与其经营产品相关的研发、加工、销售或服务。

家庭农场的生产作业、要素投入、产品销售、成本核算、收益分配等环节，都以家庭为基本单位；家庭农场的专业化生产程度和农产品商品率较高，主要从事种植业、养殖业生产，实行一业为主或种养结合的农业生产模式；家庭农场的种植或养殖经营必须达到一定规模，以适度规模经营为基础，这是区别于传统小农户的重要标志。

（二）家庭农场的功能

家庭农场的主要作用与专业大户基本一样，也是规模化经营主体的一种形式，承担着农产品生产尤其是商品生产的功能，以及发挥对小规模农户的示范效应，应注重引导其向采用先进科技生产手段的方向转变，增加技术、资本等生产要素投入，着力提高集约化水平。

（三）家庭农场的发展依据

家庭农场这是个源于欧美的舶来名词，在我国家庭农场作为新生事物于2013年中共中央国务院一号文件（简称中央一号文件，全书同）中首次提出，目前，还处在发展的起步阶段。关于家庭农场的建设，目前国家还没有统一的认定标准，但是家庭农场的基本属性和核心内涵是比较明确的。当前各地指导发展家庭农场主要是依据《农业部关于促进家庭农场发展的指导意见》（农经发〔2014〕1号），并结合当地实际情况制定的家庭农场认定标准开展的。各地的家庭农场认定标准虽不统一，但是，家庭农场的主要条件和要求，基本符合农业部促进家庭农场发展指导意见的精神。

（四）家庭农场的基本特征

近年来，我国家庭农场发展开始起步，正成为一种新型的农业经营方式。总结各地实践，准确把握我国家庭农场的基本特征，既要借鉴国外家庭农场的一般特性，又要切合我国基本国情和农情。具体可从以下4个方面来把握。

第一，以家庭为生产经营单位。家庭农场的兴办者是农民，是家庭。相对于专业大户、合作社和龙头企业等其他新型农业经营主体，家庭农场最鲜明的特征是以家庭成员为主要劳动力，以家庭为基本核算单位。家庭农场在要素投入、生产作业、产品销售、成本核算、收益分配等环节，都以家庭为基本单位，继承和体现家庭经营产权清晰、目标一致、决策迅速、劳动监督成本低等诸多优势。家庭成员劳动力可以是户籍意义上的核心家庭成员，也可以是有血缘或姻缘关系的大家庭成员。家庭农场不排斥雇工，但雇工一般不超过家庭务农劳动力数量，主要为农忙时临时性雇工。

第二，以农为主业。家庭农场以提供商品性农产品为目的开展专业化生产，这使其区别于自给自足、小而全的农户和从事非农产业为主的兼业农户。家庭农场的专业化生产程度和农产品商品率较高，主要从事种植业、养殖业生产，实行一业为主或种养结合的农业生产模式，满足市场需求、获得市场认可是其生存和发展的基础。家庭成员可能会在农闲时外出打工，但其主要劳动场所在农场，以农业生产经营为主要收入来源，是新时期职业农民的主要构成部分。

第三，以集约生产为手段。家庭农场经营者具有一定的资本投入能力、农业技能和管理水平，能够采用先进技术和装备，经营活动有比较完整的财务收支记录。这种集约化生产和经营水平的提升，使得家庭农场能够取得较高的土地产出率、资源利用率和劳动生产率，对其他农户开展农业生产起到示范带动作用。

第四，以适度规模经营为基础。家庭农场的种植或养殖经营必须达到一定规模，这是区别于传统小农户的重要标志。结合我国农业资源禀赋和发展实际，家庭农场经营的规模并非越大越好。其适度性主要体现在：经营规模与家庭成员的劳动能力相匹配，确保既充分发挥全体成员的潜力，又避免因雇工过多而降低劳动效率；经营规模与能取得相对体面的收入相匹配，即家庭农场人均收入达到甚至超过当地城镇居民的收入水平。

[案例]

河南省鹤壁市首个家庭农场落户淇县

淇县北阳镇金大地家庭农场在淇县工商局顺利拿到了个人独资企业营业执照，成为鹤壁市首家经工商部门注册登记的家庭农场。金大地家庭农场位于北阳镇王庄村，总面积 1 100余亩（1 亩≈667 平方米，15 亩=1 公顷。全书同），投资 800 余万元，主要以培育法桐、木槿、栾树等大规格优质苗木为主，林间间作种植芹菜、菠菜、西葫芦、西瓜等时令蔬菜和水果，并在部分地块散养土鸡。这一模式将有效提高林农经济收入，对调整林业种植结构，促进林业增效、农民增收起到积极作用。对此，淇县林业部门在资金及政策方面给予了大力扶持。有专家指出，家庭农场可解决农业经营规模小、效益低的问题，有助于提高农业产业化经营水平，促进农业增效和农民增收。金大地家庭农场的出现，具有较强的示范意义。

（五）发展家庭农场的重要性

当前，我国农业农村发展进入新阶段，应对农业兼业化、农村空心化、农民老龄化的趋势，亟须构建集约化、专业化、组织化、社会化相结合的新型农业经营体系。家庭农场保留了农户家庭经营的内核，坚持了家庭经营在农业中的基础性地位，适合我国基本国情，符合农业生产特点，契合经济社会发展阶段，是引领农业适度规模经营、构建新型农业经营体系的有生力量。

第一，发展家庭农场是应对“谁来种地、地怎么种”问题的需要。一方面，大量青壮年劳动力离土进城，在一些地方出现农业兼业化、土地粗放经营甚至撂荒，需要把进城农民的地流转给愿意种地、能种好地的专业农民；另一方面，一些地方盲目鼓励工商企业长时间、大面积租种农民承包地，既挤占农民就业空间，也容易导致“非粮化”“非农化”。培育以农户为单位的家庭农场，则是在企业大规模种地和小农户粗放经营之间走的“中间路线”，既有利于实现农业集约化、规模化经营，又可以避免企业大量租地带来的种种弊端。

第二，发展家庭农场是坚持和完善农村基本经营制度的需要。随着市场经济的发展，传统农户小生产与大市场对接难的矛盾日益突出，使一些人对家庭经营能否适应现代农业发展要求产生疑问。在承包农户基础上孕育出的家庭农场，既发挥了家庭经营的独特优势，符合农业生产特点要求，又克服了承包农户“小而全”的不足，适应现代农业发展要求，具有旺盛的生命力和广阔的发展前景。培育和发展家庭农场，很好地坚持了家庭经营在农业中的基础性地位，完善了家庭经营制度和统分结合的双层经营体制。

第三，发展家庭农场是发展农业适度规模经营和提高务农效益，兼顾劳动生产率与土地产出率同步提升的需要。土地经营规模的变化，会对劳动生产率、土地产出率产生不同的影响。如果土地经营规模太小，虽然可以实现较高的土地产出率，但会影响劳动生产率，制约农民增收。目前，许多地方大量农民外出务工，根本原因在于土地经营规模过小，务农效益低。户均0.5公顷地，无论怎么经营都很难提高务农效益。当然，如果土地经营规模过大，虽然可以实现较高的劳动生产率，但会影响土地产出率，不利于农业增产，也不符合我国人多地少的国情农情。因此，发展规模经营既要注重提升劳动生产率，也要兼顾土地产出率，把经营规模控制在“适度”范围内。家庭农场以家庭成员为主要劳动力，在综合考虑土地自然状况、家庭成员劳动能力、农业机械化水平、经营作物品种等因素的情况下，能够形成较为合理的经营规模，既提高了务农效益和家庭收入水平，又能够实现土地产出率与劳动生产率的优化配置。

第四，发展家庭农场是借鉴国际经验，提高我国农业市场竞争力的需要。随着农产品市场的日益国际化，如何提高农户家庭经营的专业化、规模化水平，以确保我国农业生产的市场竞争力，是我们必须从长计议，作出前瞻性战略部署的重大课题。环顾世界，在工业化、城镇化过程中如何培育农业规模经营主体，主要有两个误区：一是一些国家盲目鼓励工商资本下乡种地，导致大量农民被迫进城，形成贫民窟，给国家经济社会转型升级造成严重影响。二是一些国家和地区长期在保持小农经营与促进规模经营之间犹豫不决，导致农业规模经营户发展艰难，农业市场竞争力始终上不去甚至下降。从长远讲，提升我国农业市场竞争力，必须尽快明确发展家庭农场的战略目标，建立健全相应的引导和扶持政策体系，促进农业适度规模经营发展。

（六）引导和扶持家庭农场的发展

我国家庭农场刚刚起步，其发展是一个循序渐进的过程。目前，发展家庭农场虽然具备了前所未有的机遇，但仍面临着诸多条件限制和困难。工作中，我们要充分认识发展家庭农场的长期性和艰巨性，坚持方向性与渐进性相统一，认清条件、顺势而为，克服困难、积极作为。

第一，认清条件，因地制宜。家庭农场的发展与土地适度集聚分不开，而土地适度集聚又必须与二三产业发展和农村劳动力转移相适应，不能人为超越。只有农村劳动力大量转移、一家一户的小规模农户流转出承包地成为可能，才具备家庭农场集聚土地的条件。而我国工业化、城镇化的发展是一个长期过程，各地经济社会发展水平又不平衡，这就决定了家庭农场发展的长期性、艰巨性。引导家庭农场健康发展，必须从我国当前所处的发展阶段和各地实际出发，科学把握条件，因地制宜、分类指导，防止拔苗助长、一哄而上。要充分认识到，在相当长时期内普通农户仍是农业生产经营的基础，在发展家庭农场的同时，绝不能忽视普通农户的地位和作用。

第二，引导土地经营权向家庭农场流转。除了自家少量承包地外，家庭农场的大部分经营土地，需要通过租赁其他农户承包地的方式获得，这也决定了我国家庭农场的重要特征是租地农场。从国外经验看，租地农场发展往往面临租金负担重、租期短且不稳定的约束，这也正是人多地少的东亚国家家庭农场发展缓慢的重要原因。目前，农村土地承包经营权确权不到位、权能不完善；农村土地流转服务平台不健全、流转信息不畅通；工商资本盲目下乡租地，推动租金过快上涨，都使家庭农场扩大经营规模面临不少困难。为此，要抓紧抓实农村土地承包经营权确权登记颁证工作，为土地经营权流转奠定坚实基础；建立健全土地流转公开市场，完善县乡村三级服务和管理网络，为流转双方提供信息发布、政策咨询、价格监测等服务；加强土地流转合同管理，提高合同履约率，依法保护流入方的土地经营权，稳定土地流转关系。鼓励有条件的地方对长期流转出承包地的农户给予奖励和补助。

第三，引导家庭农场形成合理的土地经营规模。家庭农场的土地经营规模并非越大越好，规模过大不仅会超出家庭成员劳动能力，导致土地产出率下降，也不符合人多地少的基本国情农情。按照与家庭成员的劳动能力和生产手段相匹配、与能够取得相对体面的收入相匹配，引导家庭农场形成适度土地经营规模。据调查，现阶段从事粮食作物生产的，一年两熟制地区户均耕种50~60亩、一年一熟制地区户均耕种100~120亩，就大体能够体现上述“适度性”，使经营农业有效益，使务农取得体面收入。当然，这种“适度”因自然条件、从事行业、种植品种及其生产手段等不同而有差异。鼓励各地充分考虑地区差异，研究提出本地区家庭农场土地经营规模的适宜标准。要防止脱离当地实际，片面追求超大规模的倾向，人为归大堆、垒大户。

第四，加强对家庭农场经营者的培养。目前大多数家庭农场发源于传统的承包农户，经营者文化水平总体较低，缺乏技术和经营管理能力。要加快培育新型职业农民，逐步培养一大批有文化、懂技术、会管理的家庭农场经营者。完善相关政策措施，鼓励中高等学校特别是农业职业院校毕业生、务工经商返乡人员兴办家庭农场。鼓励家庭农场经营者通过多种形式参加中高等职业教育，取得职业资格证书或农民技术职称。

第五，健全对家庭农场的相关扶持政策。家庭农场开展规模化生产经营，对信贷、保险、设施用地、社会化服务等提出了新的要求。要将家庭农场纳入现有支农政策扶持范围并予以倾斜，重点支持家庭农场稳定经营规模、改善生产条件、提高技术装备水平、增强抵御自然和市场风险能力等。建立家庭农场管理服务制度，增强扶持政策的精准性、指向性。强化面向家庭农场的社会化服务，引导家庭农场加强联合与合作，有效解决家庭农场发展中遇到的困难和问题。

第六，探索家庭农场私募发债融资。中国人民银行发布的《中国人民银行关于做好家庭农场等新型农业经主体金融服务的指导意见》，要求各银行业金融机构要切实加大对家庭农场等新型农业经营主体的信贷支持力度，重点支持新型农业经营主体购买农业生产资料、购置农机具、受让土地承包经营权、从事农田整理、农田水利、大棚等基础设施建设维修等农业生产用途，发展多种形式规模经营。强调各银行业金融机构要合理确定新型农业经营主体贷款的利率水平和额度，适当延长贷款期限，积极拓宽抵质押物担保物范围。对于受让土地承包经营权、农田整理等，可以提供3年期以上农业项目贷款支持；对于从事林木等生长周期较长作物种植的，贷款期限最长可为10年。同时，拓宽家庭农场等新型农业经营主体多元化融资渠道。对经工商注册为有限责任公司、达到企业化经营标准、满足规范化信息披露要求且符合债务融资工具市场发行条件的新型家庭农场，可在银行间市场建立绿色通道，探索公开或私募发债融资。

三、农民合作社

（一）农民合作社的定义

农民专业合作社是在农村家庭承包经营基础上，同类农产品的生产经营者或者同类农业生产经营服务的提供者、利用者，自愿联合、民主管理的互助性经济组织，服务对象及经营服务范围是农民合作社以其成员为主要服务对象，提供农业生产资料的购买，农产品的销售、加工、运输、贮藏以及与农业生产经营有关的技术、信息等服务。

（二）农民合作社的功能

农民合作社通过农户间的合作与联合，具有带动散户、组织农户、对接企业、联合市场的功能。应成为引领农民进入国内外市场的主要经营组织，发挥其提升农民组织化程度的作用。不仅解决了传统农户家庭经营存在规模不经济的缺陷，还通过技术、资金等合作，推动了农户生产的集约化水平。

（三）农民合作社的经营管理模式

当前，我国正处于传统农业向现代农业转型的关键时期，农业生产经营体系创新是推进农业现代化的重要基础，支持农民合作社发展是加快构建新型农业生产经营体系的重点。各地在大力发展农民合作社的过程中，不断探索农民合作社经营管理模式，对于加快传统农业向现代农业转变、推进农村现代化和建设新农村起到了重要作用。

1. 竞价销售模式

竞价销售模式一般采取登记数量、评定质量、拟定基价、投标评标、结算资金等方法进行招标管理，农户提前一天到合作社登记次日采摘量，由合作社统计后张榜公布，组织客商竞标。竞标后由合作社组织专人收购、打包、装车，客商与合作社进行统一结算，合作社在竞标价的基础上每斤（1 斤=0.5 千克，全书同）加收一定的管理费，社员再与合作社进行结算。合作社竞价销售模式有效解决了社员“销售难、增收难”问题。

[案例]

福建建瓯东坤源蔬果专业合作社，通过合作社竞价销售的蔬菜价格，平均每千克比邻近乡村高出 0.3 元左右，每年为社员增加差价收入 200 多万元。

2. 资金互助模式

资金互助模式有效地解决了社员结算烦琐、融资困难等问题，目前，福建省很多合作社成立了股金部，开展了资金转账、资金代储、资金互助等服务。规定凡是入市交易的客商在收购农产品时，必须开具合作社统一印制的“收购发票”，货款由合作社与客商统一结算后直接转入股金部，由股金部划入社员个人账户，农户凭股金证和收购发票，两天内就可到股金部领到出售货款。金融互助合作机制的创新实实在在方便了农户，产生了很好的社会效益。其优点在于农户销售农产品不需要直接与客商结算货款，手续简便，提高了工作效率；农户不需要进城存钱，既省路费、时间，又能保障现金安全；农户凭股金证可到合作社农资超市购买化肥、农药等，货款由股金部划账结算，方便农户；一些农民合作社为了解决生产贷款困难，进行了合作社内部信用合作资金互助探索，把社员闲散资金集中起来，坚持“限于成员内部、用于产业发展、吸股不吸储、分红不分息”，引导社员在合作社内部开展资金互助，缓解了合作社发展资本困难。

[案例]

山东省沂水县开展内部资金互助的合作社已达 50 多家，参与社员农户 3 908 户，入股金额近千万元，累计调剂资金 1 500多万元，并成立了山东首家经省银监部门批准的农村资金互助合作社，起到很好的调剂互助作用。

3. 股权设置模式

很多合作社属于松散型的结合，利益联结不紧密，尚未形成“一赢俱赢，一损俱损”的利益共同体。可以在实行产品经营的合作社内推行股权设置，即入社社员必须认购股金，一般股本结构要与社员产品交货总量的比例相一致，由社员自由购买股份，但每个社员购买股份的数量不得超过合作组织总股份的20%。其中，股金总额的2/3以上要向生产者配置。社员大会决策时可突破一人一票的限制，而改为按股权数设置，这样有利于合作社的长足发展。

4. 全程辅导模式

当前许多合作社带头人缺乏驾驭市场的能力，有了项目不懂运作，对市场信息缺乏科学分析预测，服务带动能力不强。可以依托农业科研单位、基层农业服务机构、农业大中专院校等部门，开展从创业到管理、运营的全程辅导。以对接科研单位为重点，开展创业辅导，建立政府扶持的农民合作社“全程创业辅导机制”。结合规范化和示范社建设的开展，政府组织有关部门对农民合作社进行资质认证，并出台合作社的资质认证办法，认证一批规模较大、管理规范、运行良好的合作社。在此基础上，依托有关部门和科研单位，建立健全全程辅导机制，进行长期的跟踪服务、定向扶持和有效辅导。

5. 宽松经营模式

要放宽注册登记和经营服务范围的限制，为其创造宽松的发展环境。凡符合合作组织基本标准和要求的，均应注册登记为农民专业合作组织。营利性合作组织的登记、发照由工商部门办理，非营利性的各类专业协会等的登记、发照和年检由民政部门办理；凡国家没有禁止或限制性规定的经营服务范围，农民合作社均可根据自身条件自主选择。同时，积极创办高级合作经济组织，在省、市、县一级创办农业协会，下设专业联合会，乡镇一级设分会，对农业生产经营实施行业指导，建立新型合作组织的行业体系。

6. 土地股份合作模式

围绕转变农业发展方式，建立与现代农业发展相适应的农业经营机制和土地流转机制，积极探索发展农村土地股份合作社。

农业发展由主要依靠资源消耗型向资源节约型、环境友好型转变，由单纯追求数量增长向质量效益增长转变，凸显了农民专业合作组织在推广先进农业科技、培养新型农民、提高农业组织化程度和集约化经营水平的重要载体作用。推进农民合作社经营以及管理模式的创新，并以崭新适用的模式辐射推广，必会推进农民合作社的长足发展，而这些也都需要我们根据实情不断地探索，并在实践中不断地完善。

四、农业龙头企业

（一）农业产业化龙头企业的定义

它是指以农产品加工或流通为主，通过各种利益联结机制与农户相联系，带动农户进入市场，使农产品生产、加工、销售有机结合、相互促进，在规模和经营指标上达到规定标准并经政府有关部门认定依法设立的企业。

农业产业化龙头企业是各级政府对农产品加工或流通行业中的大型企业的一种等级评定，龙头企业是我们国家重点扶持的企业，是行业中的标杆企业，国家每年的投入资金会相应的进入到这些企业中来。

（二）农业龙头企业的功能

它是先进生产要素的集成，具有资金技术人才设备等方面的比较优势，通过订单合同、合作等方式带动农户进入市场，实行产加销、贸工农一体化的农产品加工或流通企业。和其他新型农业经营主体相比，龙头企业具有雄厚的经济实力，先进的生产技术和现代化的经营管理人才，能够与现代化大市场直接对接。应主要在产业链中更多承担农产品加工和市场营销的作用，并为农户提供产前、产中、产后的各类生产性服务，加强技术指导和试验示范。

（三）农产品加工科技创新与推广

1. 充分认识农产品加工科技创新的重大意义

实施创新驱动发展战略是党中央作出的重大战略部署，习近平总书记指出“实施创新驱动发展战略，最根本的是要增强自主创新能力，最紧迫的是要破除体制机制障碍，最大限度地解放和激发科技作为第一生产力所蕴藏的巨大潜能”。当前，我国农产品加工业正从快速增长阶段向质量提升和平稳发展阶段转变，加快实施创新驱动发展战略，是新常态下发展农产品加工业的必然选择，对增强市场竞争力、推动产业转型发展、保障食物安全和有效供给具有重要意义和积极作用。但是我国农产品加工科技创新能力总体不高，科技资源配置不合理、人才队伍素质不高、体制机制不活、科技成果转化率低等仍然是制约科技进步的关键问题。各级农产品加工业管理部门要把思想统一到中央的决策部署上来，牢固树立科技是第一生产力、人才是第一资本、创新是第一竞争力的理念，紧紧抓住国家实施创新驱动发展战略的重大机遇，以农产品加工业科技创新与推广为核心，促进科技创新与经济发展紧密结合，不断激发科技创新主体的积极性和主动性，力争在重大关键技术装备创新推广转化上取得新突破，在体制机制创新和人才队伍建设上取得新进展，在自主创新能力建设方面取得新提升，为推动农产品加工业持续稳定健康发展提供坚强的科技和人才支撑。

2. 不断增强农产品加工重大共性关键技术创新能力

加强重大共性关键技术创新，是提升我国农产品加工业整体发展水平的有效途径。要紧紧把握国家科技体制改革的重大机遇，坚持问题导向，瞄准国际前沿和行业重大共性关键问题，积极争取国家重大创新项目，按照全链条设计、一体化推进，统筹各环节之间、产业链上下游之间协同互动创新，在精深加工、副产物综合利用及节能减排等基础理论和重大共性技术装备上实现重大突破。加强企业技术需求征集，组织科研单位、大专院校与企业协同攻关，提高科技创新的针对性和时效性。进一步强化企业创新主体地位，全面落实企业技术开发费用所得税前扣除、技术改造国产设备投资抵免所得税和企业技术创新、引进、推广资金等扶持政策，鼓励企业增加创新投入，激发企业创新活力，在科技创新基础上，全面推进管理创新、产品创新和市场模式创新。坚持引进来与走出去相结合，用好国际国内两种创新资源、两个科技市场，加强国外先进技术引进吸收消化再创新，不断提高自主创新能力。

3. 加快提升农产品产地初加工技术装备水平

农产品初加工是现代农业的重要内容，是农产品加工业的关键环节。加强初加工技术创新，有利于农产品产后减损、提质增效和质量安全。要加强粮食、果蔬等大宗农产品烘干贮藏保鲜共性关键技术创新和推广，开发新型农产品初加工设施装备，不断降低农产品产后损失水平。要以实施农产品产地初加工补助政策为重点，充分利用农机购置补贴等强农惠农富农政策，加强农产品分级、清洗、打蜡、包装、贮藏、运输等环节技术、工艺和设施集成配套，实现“一库多用、一窖多用、一房多用”目标。加强适用技术先行先试，熟化推广一批特色农产品加工技术，提高特色农产品加工水平。

4. 积极引导传统食品和主食加工技术传承创新

传统食品是中华民族智慧的结晶，是中华饮食文化的物质载体。要以深入开展主食加工业提升行动为切入点，坚持传承和保护相结合，创新和发展相结合，以开发营养、安全、美味、健康、便捷、实惠的传统食品为目标，研发推广一批先进技术装备，推进传统食品和主食加工标准化规模化生产。要加强农产品营养健康等多功能开发，赋予传统食品和主食新的功能，开发适应不同消费群体、不同消费需求的产品，不断提高传统食品和主食的市场占有率。要积极引导传统食品和主食加工企业加强技术改造和产业升级，培育一批创新驱动型品牌企业。

5. 大力促进农产品加工科技成果转化推广应用

科技成果推广是科技向生产力转化的关键环节，是培育新产业、新业态和新主体的有效途径。要坚持成熟技术筛选、技术配套集成与推广一体化设计、产业化推进，开展成熟技术筛选推广，发布行业重大科技成果，培育科企合作先进典型，引导科研更好地为产业服务。要加强科技成果推广转化平台建设，在办好全国农产品加工科技创新与推广活动和区域性科企对接活动基础上，加快推进互联网与科技成果转化结合，探索建立线上线下紧密结合的科技成果转化电子商务平台，集中展示最新技术、工艺、装备和产品，为科研单位和加工企业更广泛对接创造良好的条件，有条件的地区要积极建立农产品加工科技成果转化交易中心。全面落实国家科技成果转化扶持政策，完善科技成果转化和收益分配机制，不断激发和调动企业、科研院校的创新积极性，推动科技成果高效转化应用。

6. 努力推进标准化进程和品牌培育

质量是企业的生命，品牌是企业信誉和综合实力的凝结。推进农产品加工业转型升级发展，必须要加强质量、标准和品牌建设。进一步完善农产品加工标准体系，要坚持科技创新与标准化建设相结合，同步推进科技创新、标准研制和产业发展，加强农产品初加工、精深加工和综合利用标准的制修订，更好地发挥标准促进产业发展的重要作用。进一步强化企业在标准创制应用中的重要地位，支持企业参与重要技术标准研制，鼓励企业采用先进标准，把标准化管理贯彻到生产经营的全过程，以标准促进企业管理水平提升。要积极实施农产品加工品牌战略，更好地发挥农产品加工品牌对提升市场竞争力、引领消费导向和农业增效农民增收的重要支撑作用。要按照标准化生产、产业化经营、品牌化营销原则，坚持“产”“管”并举，加快培育一批特色突出、类型多样、核心竞争力强、影响范围广的农产品加工品牌，带动农产品加工产业链、价值链、供给链全面提升。要加强农产品加工品牌推广，建立健全品牌保护机制，加大监管、保护和宣传、推介力度，挖掘利用好地方的历史、文化、旅游等资源，把地方特色文化注入品牌建设中，提升品牌的文化品位，扩大农产品加工品牌影响力和传播力，提高品牌市场占有率。

7. 继续完善农产品加工科技创新体系

农产品加工科技创新体系是实施科技创新驱动发展战略的重要支撑，是推进科技创新与转化应用的主体力量。进一步加强国家农产品加工技术研发体系建设，吸纳更多的创新主体和力量，实现跨部门、跨领域、跨专业、跨行业的大联合、大协作、大创新。要加强重大关键技术难题攻关，聚焦重点加工领域和核心环节，组织开展具有战略性、前瞻性和基础性研究，大力促进原始创新、集成创新、引进消化吸收再创新。要进一步完善科企合作机制，整合研发体系内企业、科研单位和大专院校优势，构建开放共享互动的创新平台，建立企业主导、产学研一体的技术创新推广联盟，促进科技创新和成果转化同步推进。进一步加强技术集成基地建设，加大资金投入，完善基础设施条件，努力把技术集成基地建成新技术、新产品、新工艺的孵化器。加强地方农产品加工科技创新体系建设，加强政策支持和项目扶持，组织开展技术推广服务，推进科研单位与加工企业合作，加快培育一批科技创新小巨人。

8. 进一步加强农产品加工创新人才队伍建设

人才是创新的关键，是实施国家创新驱动发展战略，推动大众创业、万众创新的重要保障。要牢固树立人才是第一创新要素理念，坚持创新与人才培养同步推进，通过科技创新活动凝聚人才和培养人才。要进一步完善竞争激励机制，健全人才评价制度，最大限度地激发广大科技人员的创造精神和创新热情，加快培育一批科技创新人才。要重视企业家队伍建设，特别要加强中小微加工企业和西部地区企业经营管理者培训，强化责任意识、诚信意识和创新意识培养，提高经营管理能力和创新创业能力。加强职业技能人才队伍建设，围绕农产品加工各领域、各环节，通过校企合作等方式，加快培养一批技术骨干和生产能手。加强各级农产品加工业管理部门人员政策理论和业务知识培训，提高指导工作和服务发展的能力。

第三节　新型农业经营主体间的联系与区别

一、新型农业经营主体之间的联系

专业大户、家庭农场、农民合作社和农业龙头企业是新型农业经营体系的骨干力量，是在坚持以家庭承包经营为基础上的创新，是现代农业建设，保障国家粮食安全和重要农产品有效供给的重要主体。随着农民进城落户步伐加快及土地流转速度加快、流转面积的增加，专业大户和家庭农场有很大的发展空间，或将成为职业农民的中坚力量，将形成以种养大户和家庭农场为基础，以农民合作社、龙头企业和各类经营性服务组织为支持，多种生产经营组织共同协作、相互融合，具有中国特色的新型经营体系，推动传统农业向现代农业转变。

专业大户、家庭农场、农民合作社和农业龙头企业，他们之间在利益联结等方面有着密切的联系，紧密程度视利益链的长短，形式多样。例如，专业大户、家庭农场为了扩大种植影响，增强市场上的话语权，牵头组建“农民合作社+专业大户+农户；农民合作社+家庭农场+专业大户+农户”等形式的合作社，这种形式在各地都占有很大比例，甚至在一些地区已成为合作社的主要形式；农业龙头企业为了保障有稳定的、质优价廉原料供应，组建“龙头企业+家庭农场+农户”“龙头企业+家庭农场+专业大户+农户”“龙头企业+合作社+家庭农场+专业大户+农户”等形式的农民合作社，但是它们之间也有不同之处。

二、新型农业经营主体之间的区别

新型农业经营主体主要指标，见下表。

表　新型农业经营主体主要指标对照

	领办人身份	雇工	其他
种养大户	没有限制	没有限制	规模要求
家庭农场	农民（有的地方+其他长期从事农业生产的人员）	雇工不超过家庭劳力数	规模要求
农民合作社	执行与合作社有关的公务人员不能担任理事长；具有管理公共事务的单位不能加入合作社	没有限制	收入要求
联合企业	没有要求	没有限制	注册资金要求

（一）专业大户

最初的专业大户都是农民身份，但是近年来随着土地流转速度的加快，外地农民和非农户籍人员承包租赁土地，形成规模经营，成为种养专业大户。目前，各地对专业大户的身份没有明确的要求，农业部门进行种养专业大户的认定，享受相关的优惠政策和扶持政策。

（二）家庭农场

以农民身份为主，有的地方要求家庭农场经营者可以是长期从事农业生产的人员；劳动力要以家庭成员为主，无常年雇工或常年雇工数量不超过家庭务农人员数量（常年雇工是指在家庭农场受雇期限年均9个月以上或按年计酬的雇工）；家庭农场以农业收入为主；农场用地应是依法承包或者依法流转相对稳定的土地。流转的土地必须具有规范的土地流转合同，流转期限原则上不低于5年，最高不超过农村土地二轮承包剩余期限；一年一熟的地区经营规模达到100亩以上，一年两熟的50亩以上；有生产经营记录，有财务收支记录；产品达到相应的质量安全标准，商品率达到90%以上。

家庭农场由所在地农业行政主管部门负责认定备案，开展示范农场的评定。工商管理部门登记注册，取得相应的个体工商户、个人独资企业等市场主体资格。享受相关的优惠政策和扶持政策。

（三）农民合作社

除了具有管理公共事务职能的公务员、事业单位人员外都能成立农民合作社。成立农民专业合作社应有5名以上符合本法的成员；有符合本法规定的章程；有符合本法规定的组织机构；有符合法律、行政法规规定的名称和章程确定的住所；有符合章程规定的成员出资。

成立农民合作社依据《中华人民共和国农民专业合作社法》（以下简称《农民专业合作社法》）和《农民专业合作社登记管理条例》在工商管理部门注册登记取得市场主体资格，并在农业部门进行备案。

目前，部、省、市、县四级都开展了示范社建设活动，建立了示范社名录，《农民专业合作社法》规定了具体的扶持农民专业合作社事项，合作社享受农业示范项目、财政扶持资金扶持，享受税收、银行贷款等方面的受惠政策。

（四）农业龙头企业

对领办人身份没有明确要求，以农产品加工或流通为主业、具有独立注入资格的企业符合《中华人民共和国公司法》《中华人民共和国企业法》等相关法律规定，在工商管理部门依法注册登记为公司，其他形式的国有、集体、私营企业以及中外合资经营、中外合作经营、外商独资企业。

目前，部、省、市、县四级都有农业龙头企业评审标准，享受财政资金与项目扶持和各项优惠政策。

第四节　大力培育新型农业经营主体

走中国特色的农业现代化道路，确保中国主要农产品的有效供给和粮食安全，增加务农劳动者的收入和增进他们的福祉，就要在稳定农户家庭承包经营的基础上，培育和发展农业新型经营主体。近日，中央审议通过了《关于引导农村土地经营权有序流转发展农业适度规模经营的意见》，明确提出了加快培育新型农业经营主体的要求。

一、家庭承包经营制度需要进一步稳定完善

中国农村改革的核心任务就是坚持家庭承包经营制度。这项改革把农户确立为农业经营的主体，赋予农民长期而有保障的土地使用权和经营自主权，极大地调动了几亿农民的生产积极性。由农业的特性所决定，家庭经营始终是农业生产的基础和主体，这已为中外农业发展的实践所证明。从实践上看，家庭经营加上社会化服务，能够容纳不同水平的农业生产力，既适应传统农业，也适应现代农业，具有广泛的适应性和旺盛的生命力，不存在生产力水平提高以后就要改变家庭承包经营的

问题。在工业化、城镇化、信息化和农业现代化的四化同步发展形势下，家庭承包经营也面临新的挑战。根据第二次全国农业普查的数据计算，平均每个农业生产经营户只能经营 9.1 亩耕地，每个农业从业人员只能经营 5.2 亩耕地，这样，如果扣除物质成本后每亩耕地一年的净收益按 500 元计算，一个农业从业人员一年的纯收入也就 2 600元，还不如在外打一个月工的收入。显然，这样小规模的经营农户无法实现农业增效和农民增收的目的，也无法确保中国的粮食安全和使农民从事的农业经营成为体面和受人尊敬的职业。家庭经营不等同于小规模经营。中国农业生产要再上新台阶，必须在稳定家庭承包经营的基础上适度扩大经营规模，大力培育新型农业经营主体，在保持和提高土地产出率的基础上提高农业的超越于劳动者个人需要的劳动生产率，走出一条中国特色的农业现代化之路。

二、在家庭经营基础上培育新型农业经营主体

中国农村地域辽阔，自然条件千差万别，经济发展水平参差不齐，这就决定了中国的新型农业经营主体也必然呈现出多元化、混合型的发展格局，专业大户、家庭农场、农民专业合作社、农业龙头企业及各类社会化服务组织等都是新型农业经营主体的有机组成部分，但各类新型经营主体或是从家庭经营的基础上发展起来的，或是与家庭经营的农户有着千丝万缕的联系。中国农村现有 2 亿多小农户，同时，还有近 2.7 亿的农村劳动力已转移到非农领域，从事非农产业。他们赖以生存的主要生产资料不是土地。这就有条件在依法、自愿和有偿的前提下，一部分种田能手将那些离土离农的农村人口承包土地的经营权流转过来，扩大经营规模，实现适度规模经营，打造家庭经营的升级版。当前以家庭成员为主要劳动力、以农业为主要收入来源，从事专业化、集约化农业生产的家庭农场正在兴

起，现在全国已发展到 87 万家，平均规模达到 200 亩。可以预见，家庭农场在将来会有进一步的发展。

在土地流转工作的推进下，一批以土地流转为发展基础的农民土地股份合作社纷纷成立，这种探索在土地确权到户的基础上，将农户的承包土地折股量化，农民以承包地入股组建合作社，通过自营或委托经营等方式发展农业规模经营，经营所得收益按股分配。这种组织形式让合作社自身成为具有一定规模的从事农业生产的农业企业，从而使农户成为企业的主人(所有者)，既实现了农业的规模经营，促进了现代农业的发展；又避免了工商资本进入农业、大规模租赁农户承包地可能产生的负面影响。这是中国特色农业现代化道路的一种值得注意的、有可能具有导向性和示范性的模式。

近年来，在农村家庭承包经营基础上，同类农产品的生产经营者或者同类农业生产经营服务的提供者、利用者，自愿联合起来，遵循民主管理的原则，成立了多种类型的农民专业合作社。目前，全国登记的农民专业合作社已达到 103.88 万家，1 829 万农户入社，带动农户已经达到全国农户的 30.1%。农民合作社正在成为引领农民参与国内外市场竞争的现代农业经营组织，带动农户进入市场的基本主体。农民专业合作社与农村社区集体经济组织、各种农业社会化服务组织以及农业龙头企业一起，构成了农业生产多元化、多层次、多形式的经营服务体系，为家庭经营提供了全方位的服务，夯实了农业基本经营制度的基础，确保了我国的粮食安全。

三、辩证地看待工商资本进入农业问题

在中国由传统农业向现代农业转化的进程中，在农户家庭承包经营的基础上，工商资本或社会资本进入农业的产前领域(提供农业投入品)、产中领域（提供农业技术服务）以及产

后的流通及加工领域一直受到鼓励和提倡，农业产业化经营中的“公司（企业）加农户”“公司（企业）加基地加农户”“订单农业”等模式就反映了这方面的实践探索。长期以来，在农业现代化道路与经营模式的选择上，争论焦点是如何看待工商资本进入农业的生产过程，大面积租赁农户的承包地，直接经营农业的现象。党的十八届三中全会《中共中央关于全面深化改革若干重大问题的决定》（以下简称《决定》）提出：“鼓励和引导工商资本到农村发展适合企业化经营的现代种养业，向农业输入现代生产要素和经营模式”，《决定》为工商资本进入农业提供了明确的政策导向。

工商资本直接经营种养业首先要处理好与广大小农户之间的利益关系。发展现代农业不能忽视经营自家承包耕地的普通农户仍占大多数的基本农情，工商资本要带动农民发展现代农业，不是代替农民发展现代农业；对农民要形成带动效应，而不是形成挤出效应。工商资本主要是进入农户家庭和农民合作社干不了或干不好的农业生产环节和产业发展的薄弱环节，如发展良种种苗繁育、高标准设施农业、规模化养殖和开发农村“四荒”资源等适合企业化经营的种养业，并注意和农户结成紧密的利益共同体，确保以农户家庭为主体推进现代农业发展。

要抑制工商资本进入农业的负面影响，防止可能出现的非农化、非粮化倾向。第一要建立严格的准入制度，各地对工商企业长时间、大面积租赁农户承包耕地要有明确的上限控制，要按面积实行分级备案，建立健全资格审查和项目审核制度。第二要建立动态监管制度，有关部门要定期对租赁土地企业的农业经营能力、土地用途和风险防范能力等开展监督检查，查验土地利用、合同履行等情况，及时查处纠正浪费农地资源、改变农地用途等违法违规行为。第三要加强事后监管，建立风险保障金制度，防止损害农民土地权益，防范承包农户因流入方违约或经营不善而遭受损失。

大规模的市场化、商品化农业的发展需要延长农业产业链、促进一二三产业的有机融合，这就涉及非农建设用地的指标问题，工商资本及其他农业新型经营主体进入农业后的合理诉求应该得到满足。中央一号文件提出：“在国家年度建设用地指标中单列一定比例专门用于新型农业经营主体建设配套辅助设施”，这方面的政策有待地方政府的落实。关于工商资本直接进入农业生产领域大面积租赁农户承包地的经营活动，要规范经营者的行为，保护其合法权益。但由中国人多地少的国情决定，这种模式不应该成为农地经营模式的主流。

在中国农业和农村未来的发展中，要坚持家庭经营在农业中的基础性地位，推进多种形式的农业经营方式创新，大力培育和扶持多元化新型农业经营主体，发展农业适度规模经营，走出一条有中国特色的农业现代化道路。

第五节　优化新型农业经营主体政策环境

一、优化新型农业经营主体政策

中央一号文件《中共中央国务院关于加快发展现代农业进一步增强农村发展活力的若干意见》中，对专业大户、家庭农场、农民专业合作社和农业龙头企业这四种经营主体，都明确了具体的扶持政策。

（一）加快转变农业生产经营方式

创造良好的政策和法律环境，采取奖励补助等多种办法，扶持联户经营、专业大户、家庭农场。大力培育新型职业农民和农村实用人才，着力加强农业职业教育和职业培训。充分利用各类培训资源，加大专业大户、家庭农场经营者培训力度，提高他们的生产技能和经营管理水平。制订专门计划，对符合条件的中高等学校毕业生、退役军人、返乡农民工务农创业给予补助和贷款支持。

（二）大力支持发展多种形式的新型农民合作组织

农民合作社是带动农户进入市场的基本主体，是发展农村集体经济的新型实体，是创新农村社会管理的有效载体。按照积极发展、逐步规范、强化扶持、提升素质的要求，加大力度、加快步伐发展农民合作社，切实提高引领带动能力和市场竞争能力。鼓励农民兴办专业合作和股份合作等多元化、多类型合作社。实行部门联合评定示范社机制，分级建立示范社名录，把示范社作为政策扶持重点。安排部分财政投资项目直接投向符合条件的合作社，引导国家补助项目形成的资产移交合作社管护，指导合作社建立健全项目资产管护机制。增加农民合作社发展资金，支持合作社改善生产经营条件、增强发展能力。逐步扩大农村土地整理、农业综合开发、农田水利建设、农技推广等涉农项目由合作社承担的规模。对示范社建设鲜活农产品仓储物流设施、兴办农产品加工业给予补助。在信用评定基础上对示范社开展联合授信，有条件的地方予以贷款贴息，规范合作社开展信用合作。完善合作社税收优惠政策，把合作社纳入国民经济统计并作为单独纳税主体列入税务登记，做好合作社发票领用等工作。创新适合合作社生产经营特点的保险产品和服务。建立合作社带头人人才库和培训基地，广泛开展合作社带头人、经营管理人员和辅导员培训，引导高校毕业生到合作社工作。落实设施农用地政策，合作社生产设施用地和附属设施用地按农用地管理。引导农民合作社以产品和产业为纽带开展合作与联合，积极探索合作社联社登记管理办法。

（三）培育壮大龙头企业

支持龙头企业通过兼并、重组、收购、控股等方式组建大型企业集团。创建农业产业化示范基地，促进龙头企业集群发展。推动龙头企业与农户建立紧密型利益联结机制，采取保底收购、股份分红、利润返还等方式，让农户更多分享加工销售收益。鼓励和引导城市工商资本到农村发展适合企业化经营的种养业。增加扶持农业产业化资金，支持龙头企业建设原料基地、节能减排、培育品牌。逐步扩大农产品加工增值税进项税额核定扣除试点行业范围。适当扩大农产品产地初加工补助项目试点范围。

二、创造新型农业经营主体发展的制度

培育新型农业经营主体，要坚持农村基本经营制度和家庭经营主体地位，以承包农户为基础，以家庭农场为核心，以农民合作社为骨干，以龙头企业为引领，以农业社会化服务组织为支撑，加强指导、规范、扶持、服务，推进农业生产要素向新型农业经营主体优化配置，创造新型农业经营主体发展的制度环境。

（一）要改革农村土地管理制度

进一步明晰土地产权，将经营权从承包经营权中分离出来，通过修改相关法律，推进所有权、承包权和经营权“三权分离”。推进土地承包权确权，放活土地权利，加快建立土地经营权流转有形市场，规范土地流转合同管理，强化土地流转契约执行，消除土地流转中的诸多不确定性，让流入土地的家庭农场具有稳定的预期。

（二）创新农村金融制度

培育和引入各类新型农村金融机构，打破由一家或两家金

融机构垄断农村资金市场的局面，允许农民合作社开展信用合作，为家庭农场提供资金支持，形成多元主体、良性竞争的市场格局。扩展有效担保抵押物范围，建立健全金融机构风险分散机制，将家庭农场的土地经营权、农房、土地附属设施、大型农机具、仓单等纳入担保抵押物范围。

（三）加大财政支持力度

新增补贴资金向新型农业经营主体倾斜，对达到一定规模或条件的家庭农场、农民合作社和龙头企业，在新增补贴资金中给予优先补贴或奖励，以鼓励规模经营的发展；对新型主体流入土地、开展质量安全认证等给予一定补助，促进规模化、标准化生产。加大对新型主体培训的支持力度。加强对规模经营农户、家庭农场主、农民合作社负责人和经营管理人员、龙头企业负责人和经营管理人员以及技术人员的培训，以提高生产经营的质量和水平。

（四）应完善农业保险制度

积极创设针对当地特点的财政支持下的政策性农业保险品种，尤其是蔬菜、水果等风险系数较高的作物，并建立各级财政共同投入机制。建立政府支持的农业巨灾风险补偿基金，加大农业保险保费补贴标准，提高农业保险保额，减少新型农业经营主体发展生产面临的自然风险。试点新型农业经营主体种粮目标收益保险，在种粮大户和粮食合作社中，试点粮食产量指数保险、粮食价格指数保险和种粮目标收益保险，通过指数保险的方式保障农民种粮收益，促进粮食生产。

（五）应加强农业社会化服务

引导公共服务机构转变职能，逐步从经营性领域退出，主要在具有较强公益性、外部性、基础性的领域开展服务。重点加强经营性服务主体建设，培育农资经销企业、农机服务队、农技服务公司、龙头企业、专业合作社等多元主体，拓展服务范围，重点加强农产品加工、销售、储藏、包装、信息、金融等服务。创新服务模式和服务方式，引导建立行业协会等自律组织，促进家庭农场与各类组织深度融合，开展形式多样、内容丰富的社会化服务。

第四章　新型职业农民产业化经营与管理

第一节　农业产业化经营概念

农业产业化经营，是指以国内外市场为导向，以提高经济效益为中心，对当地农业的支柱产业和主导产品实行区域化布局、专业化生产、一体化经营、社会化服务、企业化管理，把产供销、贸工农、经科教紧密结合起来，形成一条龙的经营体制。

农业产业化经营主要包括3个方面：一是形成横向一体化经营，变弱小而分散的农户为一定规模的农业组织，降低生产成本和交易成本，提升农业生产者的市场地位；二是形成纵向一体化经营，改变农民单纯的生产初级原料的角色，以动植物生产为中心，向相关产业的下游进行延伸，鼓励进行深加工，提高收益水平和增加农民的可支配收入；三是实现农业生产经营的工厂化，克服农业自身的特点，强化对农业生产的人工控制，提高生产的稳定性和抗自然灾害的能力。

第二节　农业产业化经营的模式

一、“龙头”企业带动型经营模式

“龙头”企业带动型，即公司+基地+农户模式。以公司或集团企业为主导，以农产品加工、运销企业为“龙头”，重点围绕一种或几种产品的生产、加工、销售，与生产基地和农户实行有机的联合，进行一体化经营，形成“风险共担，利益共享”的经济共同体。在实际运行中，公司企业联基地，基地联农户，进行专业协作。这种形式在种植业、养殖业特别是外向型创汇农业中最为流行，各地都有比较普遍的发展。

二、市场带动型经营模式

市场带动型经营模式，即专业市场+基地农户的模式。是指以一个专业批发市场为主与几个基地收购市场组成的市场群体，其中，区域性专业批发市场应具有较完备的软硬件服务设施和措施，并且具有较人的带动力，以带动周围人批农民从事农产品商品生产和中介贩卖活动，形成一个规模较大的农产品商品生产基地和几个基地收购市场，使区域性专业批发市场不仅成为基地农产品集散中心，而且成为本省乃至全国范围的农产品集散地。

三、中介组织带动型经营模式

中介组织带动型经营模式，即“农产联”+企业+农户的模式。它是指以中介组织为依托，在某一产品的再生产全过程的各个环节上，实行跨区域联合经营，逐步建成以占领国际市场为目标，企业竞争力强，经营规模大，生产要素大跨度优化组合，生产、加工、销售相联结的一体化经营企业集团。这种类型的中介组织主要是行业协会，尤以“山东省农产品生产加工销售联席会议”（“农产联”）为典型代表。

四、综合开发集团带动型经营模式

农业综合开发集团带动型，是指一些企业集团根据市场需要，发展某种支柱产业项目，并转包给农民，按照合同规定，实行统一品种、统一技术措施、统一收获期、统一收购、统一加工销售等，开发集团为农户提供全方位的服务，承包农户与综合开发集团形成利益共同体的一种产业化经营模式。

五、主导产业带动型经营模式

主导产业带动型经营模式，是指从利用当地资源、发展特色产业和产品入手，多种经营起步，走产业化经营之路，发展一乡一业、一村一品，逐步扩大经营规模，提高产品档次，组织产业群、产业链，形成区域性主导产业和拳头产品的模式。

第三节　发展农业产业化经营、建立健全体系机制

一、发展农业产业化经营，扶强做大农业龙头企业

（一）打破所有制界限，一视同仁地给予扶持

要根据龙头企业带动农户及建立基地情况进行扶持，逐步把目前由政府和部门兴建的示范基地转变成在政府规划引导下由龙头企业作为运作主体实施的农产品基地。

（二）制定不同的扶持标准

把扶持农业龙头企业与欠发达地区经济发展相结合制定不同的扶持标准，充分考虑不同地区、不同产业、不同发展阶段的特点和实际，实行分类指导、重点扶持。

（三）提高农业龙头企业参与国际竞争能力

引导同类农业龙头企业通过商会、协会等途径组建行业协会，实行行业自律，提高参与国际国内市场竞争的组织化程

度。加快农业龙头企业股份制改造，按照现代企业制度的要求，建立产权明晰、权责明确、政企分开、管理科学的现代企业运行机制和管理机制。

（四）对骨干农业龙头企业实行动态管理

每年根据考核评价指标，对建立基地面积大、带动农户能力强、产品科技含量高、出口创汇能力强的农业龙头企业给予奖励，做到优胜劣汰。

二、发展农业产业化经营，建立完善农业社会化服务体系

为建立和完善诸如信息服务体系、科技推广服务体系、农产品质量和标准检测体系、销售服务体系、物资供给服务体系，政府要增大资金投入、金融机构要创新贷款形式，加大对农产品种植、加工的资金支持力度。通过政策引导、资金支持、环境治理等多种方式促进市场发育，推动农业产业化条件的不断成熟和完善。要调整完善财政扶持政策。要积极推劫各级财政逐步增大农业产业化专项扶持资金规模，争取在龙头企业的贷款贴息、出口补贴以及农村中介组织专项补贴等方面有所突破。

三、发展农业产业化经营，完善农产品市场体系

（1）要建立农产品批发市场，加快资金、劳务、技术等生产要素市场体系建设。

（2）统一规划，加强立项管理。逐步在全国形成布局合理、产销结合、公平竞争、统一开放的农产品市场体系。重点培育农村产地农产品批发市场发展。

（3）逐步建立农产品市场准入制度，促进无公害绿色农产品发展。重点以果菜等鲜活农产品批发市场为窗口，建立市场准入制度，从加强管理着手，配置检测设备，规范检测手

段，对不符合要求的不难其进场交易。

（4）加强市场开拓。加大农产品贩销大户、经纪人队伍培育，以市场为依托，通过组建农产品贩销户行业协会的途径，提高农产品经营户的组织化程度。以市场为中介，通过举办农产品展销会，牵头与大中城市市场建立业务关系等多种途径，扩大当地农产品对外宣传，提高市场知名度，使更多的农产品走向国内外市场。

四、建立健全农业产业化发展的保障机制

（1）政府要坚持以农为本的治国理念，采取切实可行的政策措施，加大财政支农力度，同时大力发展政策性金融，多渠道增加对农业的货币投入，解决农业产业化过程中资本不足的问题，以激活农村经济发展的各种要素。

（2）农业结构调整是一个长期的动态优化过程，政府应着手建立农业产业化发展基金，提高农业抵御风险的能力，支持农业产业结构的调整，探索发挥期货市场套期保值的功能，通过期货交易对农产品进行保值增值。

（3）建立健全农业产业化的法律保障机制，为农业产业化发展创造一个良好的环境。实施特色农产品原产地保护制度和农产品质量绿色安全行动，推进农产品标准化，加强市场监管，全面提升农产品的质量安全水平。

（4）推进户籍制度改革，促进农村剩余劳动力向非农部门的转移，以保证农业经济结构调整的顺利推进。

（5）进一步延长土地承租合约，推进土地有序流转，实现农业的适度规模经营，提高农业产业化绩效。

第五章 提升新型职业农民思想道德修养

第一节 诚信教育

一、诚信的内涵

诚信，即诚实守信。所谓诚实，就是指忠诚老实，不讲假话，能忠于事物的本来面目，不歪曲、颠倒事实；所谓守信，就是说话算数，信守诺言，讲信誉，重信用。诚实与守信的关系为：诚实是守信的基础，守信是诚实的外在表现，也是评判诚实的重要标准。在我国的传统文化中，诚信是优良品质的重要组成部分，孔子很早就说过“人而无信，不知其可也”“言必信，行必果”。因此，诚信这一优良品质在广大民众中并不少见，中国人将诚信作为立身处世之本，诚信是中华民族的传统美德。

二、诚信教育的途径

诚信的培养离不开教育，在诚信缺失日益凸显的我国农村地区，诚信教育更加不容忽视。然而，我国的诚信教育，包括农村的诚信教育，脱离社会生活实际，缺少针对性、现实性，影响了诚信教育的实效性。具体表现为：一方面，诚信教育内容重复，太过注重规范、轻视教育对象的实际认知，远离人们的实际生活，往往把理想的当作现实的，把主观想象的内容当作客观存在，把目标当起点，急功近利，简单地进行道德规范的灌输；另一方面，对教育对象的批判和反思能力的培养没有引起足够的重视，诚信教育的内容基本上是以绝对真理的形式呈现出来的，阻碍了人们的价值批判能力和创造性人格的培养。因此，农民诚信教育要克服这些不足，加强针对性、现实性，提高实效性。同时，要针对农村和农民的特点，拓宽教育途径。农民诚信教育主要应从以下几个方面着手。

（一）发挥学校主阵地作用

农村学校要以开展诚信教育为重点，将诚信教育与传统美德教育相结合，充分挖掘和利用传统美德中有关诚信内容的格言、楷模、典故、故事等，通过诵读、故事会、表演等形式，调动学生自主学习的积极性，在喜闻乐见、寓教于乐的活动中，使学生感受、体会诚信是做人的根本。还要将诚信教育渗透到学科教学中，教师在教学中要善于抓住时机，结合教学内容，培养学生诚实守信的品质，教会学生做人，加强德育工作的针对性、实效性，以主动适应社会发展对道德教育的新要求。

（二）铸造诚信社会风尚，应从娃娃抓起、从青少年抓起

诚信是农村社会生活中每个人的立身之本，是个人思想道德发展的基本要求，而青少年是农村中最有朝气、最具有创新精神、最易接受新鲜事物的群体，是国家和新农村的未来。现在的青少年若干年后将走向社会，将担负起建设新农村的重任，他们的信用意识如何，将直接关系到我们民族和家乡的发展。因此，应教育青少年立志以振兴中华、建设美好家乡为己任，而诚信乃是立志的基础，无诚信则无以立志，即使立志也是空话。青少年求知欲强，可塑性强，是进行诚信教育的好时机，而且，这一时期培育起来的诚信，比较牢固，好坚持，不易改变。因此，诚信教育从娃娃抓起、从青少年抓起才能抓住最好的时机，为他们以信立本、健康成长打下坚实的基础。

（三）走向农村，进入家庭，普及农村诚信教育

诚信教育要取得实效，仅仅停留在学校教育层面是不够的，要通过多种活动形式，将学校诚信教育与社会道德和家庭道德建设结合起来。从道德教育的角度来说，身教的功效大大超过言传。所以，农民的诚信教育要抓好对成人特别是家长的教育，通过他们的言传身教潜移默化地去影响下一代，并将其作为一种精神一代代地传承下去。对成人进行诚信教育时，要开展系列活动，把诚信的教育宣传和他们的生产经营活动结合起来，并建立有效的奖惩机制，以制度为支持和保障。

第二节　社会公德教育

一、社会公德的含义

所谓社会公德，是社会生活中最简单、最起码、最普通的行为准则，是维持社会公共生活正常、有序、健康进行的最基本条件。因此，社会公德是全体公民在社会交往和公共生活中应该遵循的行为准则，也是作为公民应有的品德操守。从大的范畴来讲，它主要包括两个方面的内容：一方面是在事关重大的社会关系、社会活动中，应当遵守的由国家提倡的道德规范；另一方面是在人们日常的公共活动中，应当遵守、维护的公共利益、公共秩序、公共安全、公共卫生等守则。《公民道德建设实施纲要》用“文明礼貌、助人为乐、爱护公物、保护环境、遵纪守法”20 个字，对社会公德的主要内容和要求做了明确规定。

（一）助人为乐

助人为乐是当一个人身处困境时，大家乐于相助，给予热情和真诚的帮助与关怀。人类社会应当是一个人与人之间相互扶持的社会，因为，任何一个社会成员都不能孤立地生存。一个人要做到“万事不求人”“处处皆英雄”是不可能的。生活在社会中，“如果你向别人伸出一千次手，就会有一千只手来帮助你”，“助人”本身也是“助己”。

（二）遵纪守法

遵纪守法就是要增强法制意识，维护宪法和法律权威，学法、知法、用法，执行法规、法令和各项行政规章；就是要遵守公民守则、乡规民约和有关制度；就是要见义勇为，敢于同违法犯罪行为做斗争。

（三）文明礼貌

文明礼貌是人与人之间团结友爱和情感沟通的桥梁，表现为人们之间交往的一种和悦的语气、亲切的称呼、诚挚的态度，更表现为谈吐文明、举止端庄等。这些虽为日常小事，但对建设和谐友爱的新农村起着重要作用。正所谓“良言一句三冬暖，恶语伤人六月寒”。当然，文明礼貌也是一个历史的范畴，随着时代和条件的变化而不断更新。

（四）保护环境

农村区域占我国国土面积的绝大部分，农村环境的维护和保持是我国环境保护的重要内容。总体上而言，农村环境保护可以分成生活环境和农业生产环境两个部分。生活环境的保护涉及人居和家居环境的改善，以及生活区环境卫生的维护，主要靠人们良好的生活习惯和生活垃圾的妥善处理来维持。农业生产环境主要涉及农业耕地质量和农用水源质量的保护，而耕地和水源质量的好坏和农业生产作业过程有着密切的联系，特别是农药、化肥、除草剂等的过量施用需要引起农户特别的关注。在经济发展过程中不仅要“金山银山”，还要“绿水青山”，树立“保护环境，人人有责”的观念，努力养成有利于环境保护的生活习惯、行为方式，提高科学的农事作业的技能。

（五）爱护公物

公共财物包括一切公共场所的设施，它们是提高人民生活水平，使大家享有各种服务和便利的物质保证。爱护公物主要表现为：一是要做到公私分明，不占用公家财物，不化为私有；二要爱护公共设施，使其能够为更多的人服务；三要敢于同侵占、损害、破坏公共财物的行为做斗争。

在我国，爱祖国、爱人民、爱劳动、爱科学、爱社会主义，是基本的社会公德。我国宪法还明确规定，遵守社会公德是一切公民的义务，违反社会公德，轻的要进行批评教育，严重的如破坏公共秩序、扰乱社会治安的要绳之以法。

二、农村社会公德教育的途径与措施

公德教育是一项长期重要的任务，是家庭、学校和社会的共同职责。家庭教育是公德教育的启蒙教育，对人们的公德意识的形成具有启蒙和奠基作用；学校教育是公德教育的正规教育，对人们公德意识的形成具有关键和指导作用；社会教育是公德教育的持续教育，对人们公德意识的形成具有巩固、强化、监督、校正作用。可见，家庭、学校、社会是对公民进行社会公德教育的主要途径。因此，家庭、学校、社会必须进一步提高认识，明确自己在公德教育中不可推卸的责任，认真履行各自的社会职责，齐抓共管、相互配合，才能把公德教育落在实处，将社会公德建设推进到新境界。

如果说家庭、学校、社会是进行农民社会道德教育的相互联系、逐层提升的3个平台和途径，那么，在一定意义上说农村是对农民进行综合性教育的剧院和阵地，它集中了家庭、学校（多为小学）和社会教育的多种功能和途径，要发挥农村的这种综合教育功能，采取多方面措施加强农民的社会公德教育。

第三节 家庭美德教育

一、家庭美德教育的含义

家庭是一种以婚姻和血缘关系或收养关系为基础的社会生活组织，是人类社会、国家，乃至每个村庄的最基本的组织单位和经济单位。而家庭美德是每个公民在家庭生活中应该遵循的行为准则，它涵盖了夫妻、长幼、邻里之间的关系。正确对待和处理家庭问题，共同培养和发展夫妻爱情、长幼亲情、邻里友情，不仅关系每个家庭的美满幸福，也有利于社会和村庄的安定和谐。所以我们要大力倡导以尊老爱幼、男女平等、夫妻和睦、勤俭持家、邻里团结为主要内容的家庭美德，鼓励人们在家庭里做一个好成员。

（一）父母抚养教育子女的美德

孩子是夫妻平等相爱的结晶。孩子的诞生，使夫妻关系派生出了亲子关系。亲子美德的重要表现，便是父母对子女的抚养和教育。父母抚养、教育子女，是我国的一项传统美德，主要表现为父母双方对孩子的共同抚养、教育。从“抚养”层面上讲，就是为孩子提供良好的物质条件促进其生理的生长发育；在“教育”层面上讲，就是父母以崇高的责任心和义务感来铸造孩子健全的人格和高洁的心灵，传续一代代父母对子女的殷切厚望，推动孩子社会化的进程，并为孩子接受学校和社会教育提供必要的物质条件，使其成为适应社会需要、有所作为的人。

（二）夫妻平等相爱的美德

夫妻是由于婚姻关系而结合在一起的一对异性，夫妻关系是派生其他一切家庭关系的起点。在现代社会，夫妻关系已日益成为家庭关系中的主轴，夫妻之间的婚姻质量也日益上升为家庭生活质量的决定性因素。因而，夫妻平等相爱的美德建设，是经营好一个家庭的基础。这种美德，主要体现在尊重对方的人格和情感，和尊重对方的个性与发展意愿。这种尊重在日常生活中具体表现为夫妻间的相互帮助、相互信任、相互理解。夫妻平等相爱的美德，还表现在夫妻间的相互给予和奉献。道德的婚姻不是相互占有，而是平等的结合；恩爱的夫妻不是相互索取，而是无私地给予和奉献。

（三）家庭与社会各方面和谐关系的美德

家庭与社会之间的密切关系，历来有许多形象的比喻，如“家庭为社会的细胞”“家庭为社会之网的网上之结”等。这些比喻，既揭示了家庭的存在和发展对社会整体的重要意义，也暗示了家庭处于社会大系统中所应具有的开放特征。在现实社会中，任何一个家庭的存在与发展，都不是孤立的，家庭生活的每一刻，都在同社会中的其他组织、单位或个人发生着联系。所以，一个家庭的存续需要与社会中的其他组织和个人建立起一种和谐的关系，彼此之间能够团结互助、平等友爱，共同前进，而且家庭更要服务和奉献于整个社会。

（四）子女养老尊老的美德

子女养老尊老的美德，实际上就是我们常说的“孝道”，这是我国一项优良的传统美德。同父母抚养教育子女一样，这种“孝道”也表现在两个方面：一是“养老”，即为老人提供相应的物质生活条件，照料老人的日常生活起居；二是尊老，即子女要真心实意地尊敬双亲，从心理和精神上给予老人满足和关心，让他们真正成为物质和精神上富有的人。

（五）勤劳致富、节俭持家的美德

在家庭领域，勤劳致富和节俭持家都是我们民族大力提倡的传统美德。之所以强调勤劳致富是因为：第一，勤劳致富本身包含着家庭对社会奉献的成分。“家兴而国家昌明，家富而国家强盛。”家庭富足，不仅是国家繁荣昌盛的具体表现，也是国家繁荣昌盛的基石。所以，勤劳致富，不仅是利家之举，更是兴国之行。第二，勤劳致富是家庭美满幸福的必要条件。拥有富足的生活条件，才能享受更宽广的生活空间，这是我们追求的目标之一。

二、农村家庭美德教育的途径

农村家庭美德建设是一项庞大的社会建设工程，涉及千家万户、方方面面，工作任务艰巨、复杂，要形成党政群民“四位一体”的工作格局，通过多种渠道抓紧抓好。农村党支部、村委会要高度重视，建设进行总体规划，派专人负责，有具体措施，及时督促、检查，真正把本村的精神文明落到实处。要充分发挥党员干部的示范、导向作用和农村各种群众组织的纽带作用，特别是妇联会的作用。另外，要充分利用宣传工具，通过广播、电视、书刊、报纸等宣传教育媒体，进行大张旗鼓的宣传教育，营造良好的家庭美德建设的社会舆论氛围。运用法律武器，对严重败坏家庭道德并造成严重后果的人，予以法律制裁，扶正祛邪、惩恶扬善。通过一系列活动将美德建设引入每个家庭。

第四节　提升职业农民的文化

一、文化的内涵

美国学者 A · 克卢伯认为文化是一种架构，包括各种外显和内隐的行为方式，通过符号系统习得或传递。文化既是人类活动的产物，同时又是人类活动的刺激，反映在人类衣、食、住、行的各个方面。从国家或民族层面上来讲，文化是一个国家或民族的精神风貌在国民身上的集中体现。从个体层面上来讲，文化一方面反映一个人的思想观念和精神状态，另一方面也反映一个人的文化素质，即一个人接受知识教育的程度、掌握知识量的多少、质的高低。一个文化素质越高的人，其接受和掌握先进技术的能力越强，创造财富的机会也就会越多。这里主要指个体层面的后一方面。

二、加强农民文化教育途径

（一）动员全社会力量关心和支持农村教育事业

提高农民的文化科技素质，首要的就是充分利用、整合有限的教育资源，健全完备的教育体系，保证农民学有其所、学其所需、学有所用。不仅要加强国家办学力量，而且要动员和鼓励社区、企业、私人等全社会力量来关心和支持农村教育事业，实现办学主体多元化；要从本地实际出发，允许各地自主创新，采取半日制、半工半读、函授、广播、网络等多种方式办学，形成一个全方位的育人环境；不仅要为城市培养人才，还要更多的全面培养适合农村、热爱农村、建设现代化农村的高中初级优秀人才。

（二）加大财政投入，普及高中义务教育

要提高新增农业劳动者的文化程度，需要各级政府尽快出台相关的政策、法规和改革措施，切实加大教育投入，努力改善办学条件，在确保经济欠发达地区实施 9 年制义务教育所需各项经费、确保贫困地区有钱办学和所有适龄儿童能够上学的同时，将义务教育逐步由 9 年制向 12 年制过渡、由目前的中小学向高中阶段延伸，从而保证更多的农村学生能够接受更好的文化教育。

（三）调动农民学习文化的积极性

不管是社会支持，还是国家的投入，都是外在条件，而要提高农民的素质最重要的是落实在农民身上。农民要真正认识提高文化素质在农业生产经营和增收中的重要作用，发挥主动性，自觉利用条件，创造条件，学习知识，掌握本领，做有知识的新型农民。

第六章　新型职业农民精神的养成

第一节　爱国精神

一、爱国精神的含义

爱国主义是中华民族的优良道德传统。我国古代就讲为人要“忠”“孝”，要孝敬父母，要忠实于国家。我们祖国拥有灿烂的文化、丰富的自然资源，历经沧桑，傲然屹立，足以令我们中华儿女为之自豪。在抗日战争中，在中国共产党的领导下，中国人民怀着极大的爱国热情，前仆后继，赶走了日本侵略者，取得了中国近现代反侵略斗争的伟大胜利。正是中华儿女从点点滴滴做起，从平凡而伟大的小事做起，才汇成了爱国主义的代代颂歌。

人们常把祖国比作母亲，是因为祖国是我们中华儿女的根，我们每个人的前途、命运都与祖国息息相关。爱国主义作为一种体现人民群众对自己祖国浓厚感情的崇高精神，是同广大人民的根本利益密切联系在一起的。中国人民有着强烈的民族自尊心和自豪感。国富民强、国泰民安，是每个人切身的体验。身在异乡的人体会尤为深刻。因为国家强大，他们就会受到尊重；国家落后，他们就会受到歧视。许多人在国外受到不公正待遇，都是祖国伸出了援助之手，使他们有所依靠，倍感祖国母亲的温暖。

二、爱国精神的表现

新中国成立以来，爱国主义精神更得到了极大的弘扬，涌现出许多典型人物，为我们树立了光辉的典范。

“一粒种子改变世界”的“杂交水稻之父”袁隆平自称是平凡的中国“农民”，从年轻时他就萌发了“让中国人民吃饱”的爱国情怀，并以实际行动履行了自己对国家的责任。他曾先后获得十几项国际大奖，但他总是说：“荣誉不属于我个人，属于整个中国。”这种心忧天下、造福人类的宏大抱负，自强不息、勇攀高峰的创新精神，不畏艰辛、迎难而上的坚强意志，淡泊名利、奉献社会的高尚情操，都是爱国主义的真实体现。

“铁人”王进喜说：“我们一定要把祖国建设好，不受别人侵略。我们要在世界上喊得响亮亮的：我们是中国人!”“中国导弹之父”钱学森在很小的时候，母亲就给他讲岳飞精忠报国、杜甫忧国忧民、诸葛亮忠于汉业等故事，使他幼小的心灵激发了强烈的爱国情感。钱学森在美国学成后，美国方面为他提供了优越的工作环境和物质条件，但他始终不忘自己的祖国。新中国成立后，他千方百计回到祖国的怀抱，为我国的航天事业立下了不朽的功勋。

爱祖国是每个公民对祖国应有的情感，是对公民基本的道德要求。弘扬爱国主义精神，最主要的是引导人们把爱国之情、报国之志转化为具体行动，落实到实际工作中去。弘扬爱国主义精神对国家要多一分热爱。著名数学家华罗庚，当得知第一面五星红旗在天安门广场升起时，便立即放弃在美国任终身教授的职务回到祖国，在数学的研究和应用上取得重大成就。著名地质学家李四光，拒绝英国的高薪聘任，于 1952 年回到祖国，用他的学识为新中国的地质学和石油事业作出了重要贡献。两位伟人身上的光辉榜样告诉我们：每一个中国人不管在何时何地，都会将国家的利益置于心中最高位置。弘扬爱国主义精神，要对社会多尽一份责任。一个热爱国家的人，对社会也会有一种强烈的责任感。

热爱国家必须要对社会有责任感，这是社会发展的必然要求。弘扬爱国主义精神要从自己做起，从小事做起。而最近在公共卫生领域，食品安全问题的出现，如染色馒头、毒豆芽、地沟油事件折射出某些人道德的严重缺失。他们把自己的私利建立在损害别人生命安全的基础上，这种人已经严重丧失了人格，对社会完全没有了责任感，理应受到全社会的谴责。

爱国就要把国家利益放在第一位。尽自己所能，为国家做些实实在在的事情，哪怕这意味着牺牲个人收入、时间和其他利益也在所不辞。

一个人能在有生之年为国家强盛作些实际的贡献，是任何报酬都换不来的荣幸。因此，爱国要善于从小处着手，从具体事情抓起，从热爱家庭、热爱家乡做起，从对社会的奉献做起，从平凡小事、点滴细节做起，真正做到知行统一、务实重行。

有些农民认为，我个人太渺小，决定不了国家的命运，爱国主义离我很遥远。其实，对祖国的贡献并不只在于轰轰烈烈地干一番大事业，还在于你日常的思想、言语和行为。作为一个农民，如果你真的爱国，就会关心祖国的前途命运，在祖国最需要的时候，尽自己所能出钱、出粮、出力，甚至舍小家为国家。在平常日子里，应爱护国家的每一寸土地，保护森林、河流、土地及物产，讲生态，求绿色，珍惜和热爱祖国的物质财富与文化遗产，不做诸如乱砍滥伐森林、污染河流、滥盗古墓、滥捕滥杀珍稀动物等损害国家利益的事情。在对外交往中，捍卫民族的尊严。那些背弃祖国的人，既不受异邦人的尊敬，又为同胞所唾弃。古代有秦桧，现代有汪精卫，都是如此的下场。

爱祖国也同热爱中国共产党紧密相连。因为，是共产党带领人民推翻了压在中国人民头上的三座大山，建立了新中国，使人民从此站立起来，当家做主人；也是中国共产党领导人民进行了伟大的社会主义建设，使我国日益走向繁荣富强，自豪地屹立于世界东方。实践证明，没有共产党，就没有新中国，就没有中国的社会主义现代化。因此，我们真的爱祖国，就一定热爱中国共产党，拥护党的领导，维护党的威信，坚决地同败坏党的形象、抵毁党的声誉的行为作斗争。

爱社会主义是与爱祖国统一在一起的。我国是社会主义国家，在道德建设方面必须坚持而不能离开社会主义道德原则。社会主义道德是以为人民服务为核心、以集体主义为原则的。不讲为人民服务，不讲集体主义，社会主义道德就无从谈起。

坚持社会主义道德，要坚定对马克思主义的信仰，坚定对社会主义的信念，增强对改革开放和现代化建设的信心，增强对党和政府的信任，这是加强社会主义道德建设的思想保证。只有做到“四信”，才能身体力行社会主义道德。

三、新型职业农民如何爱国

如果不爱国，人们的价值观念就要发生扭曲，社会道德和社会风气就会出现滑坡，势必影响农村经济发展和社会进步。

（1）农民的爱国主义首先是从爱土地、爱家乡开始。故乡的山水土地，祖国的江河湖海，这些自然环境是人们爱国主义道德感情的最初源泉之一。保护自然环境，杜绝乱砍滥伐，防止水土流失，发展生态农业、可持续农业，提高地力，建设生态文明，促进农业可持续发展，这就是最大的爱国主义。

（2）社会主义现代化建设新历史时期，爱国主义的内容，正如邓小平同志指出的，“加紧社会主义现代化建设，实现国家统一，反对世界霸权主义、维护世界和平”是历史赋予中国人民的庄严而崇高的使命，是摆在全国人民面前伟大而艰巨的任务。为实现这三大任务特别是社会主义现代化建设任务，我国8亿农民已经作出并将继续作出巨大的贡献。农民自身努力科技水平的提高，注重职业道德的提升，发家致富本身就是爱国主义的体现。

(3) 农民的思想境界不断提高，热爱党，热爱祖国，热爱社会主义，许多农民致富了，首先想到国家，争向国家多作贡献，向国家提供更多的粮食、更安全的农产品。农民爱国就有了良好的职业道德和职业操守，就不会出现三氯氰胺、“种了不吃”等问题。

(4) 先富的农民带动后富，实现农村的共同富裕，这样自己富了还能帮扶其他农民致富的行为就是爱国主义的一种体现，我国有8亿农民，占全国人口的2/3，只有农民都富起来，才能真正实现祖国的繁荣富强。

如果突破道德底线，只会带来苦果，有可能上升到法律的层面。爱国就在我们每一天的生活中，甚至就是那一举手一投足，一滴努力工作的汗水，一个甜美的微笑，一个小小的礼貌。

这也许是一个不需要英雄的时代，那就让我们尽自己的本分，做好新型职业农民应做的工作，爱农业、爱生活，这就是最好的爱国。

第二节　尚农精神

一、尚农的含义

农民职业道德中要特别强调诚实守信，勤劳致富，不能为了赚钱就去损害他人利益。农民所生产出的产品，大多数都是人们直接食用或使用的，其中的蔬菜、水果等产品，往往没有经过任何工业标准化处理就被人们搬上了餐桌。如果农民违反了生产规范，人们往往很难轻易识别，其可能造成的危害可想而知。对农民进行职业道德教育，让他们从根本上认识到道德制约的重要性，是新型农村建设必不可少的一课。在农村，广大农民默默无闻地艰苦奋斗，为社会贡献着自己的智慧和力量，靠自己的双手建设着社会主义新农村。但也有少数不讲职业道德，制售假酒、假农药坑害别人，也有的往大米里掺沙子，或者偷税漏税，有粮食不卖给国家，而是卖给商贩。这些都是违背职业道德的行为，因此，我们要加强农民职业道德教育，使广大农民成为勤劳致富、诚实守信的合格公民。

“啃老”是近年逐渐流行开来的一个词汇，反映了年轻人对于父母的过度依赖。这种依赖在农村同样存在，只不过表现形式和城市中的有所不同。农村中的“啃老”，更多表现在儿子身上。他们依靠父母买房、出彩礼钱来完成自己的婚姻，并以自己外出打工积累小家庭资产而让父母在家帮自己种田、带小孩、支付柴米油盐、送“人情”费用的形式来进行长期性“啃老”。还有一种就是，他们具有完全的劳动能力，却不甘心务农，其中一大部分人受教育程度较低，有的根本就没有完成九年义务教育，进入社会后他们无所事事，家庭经济条件相对比较好，即使不找工作也能过得挺舒坦，因此便有些人总愿留在家里“啃老”。

据中国老龄科研中心统计，在城市里，我国有65%以上的家庭存在“老养小”的现象，有30%左右的成年人依靠父母为其支出部分甚至全部生活费。这种现象不仅只在城市存在，还开始向农村蔓延。

二、尚农精神的内容

敬业精神，其内容主要包括以下几点。

第一，对社会和公众利益的责任感。职业是社会分工的产物，因此，职业应体现社会公利，敬业精神的宗旨首先就是追求社会最大利益的实现。民以食为天，自古以来农业就在整个人类社会中扮演着重要的角色，正常的农业生产是人类得以生存的前提。对于一个拥有全世界近1/5人口的大国，要用占全世界7%的耕地养活占全世界20%的人口，这不能不说是一个奇迹，然而这一现实就发生在我们的国家和我们的周围。可见农民这一职业，农业这一产业在我国的地位举足轻重。

第二，对本职业总体荣誉的关心。立足于社会、公众的立场并不等于放弃各个职业本身的特点和内在要求，恰恰相反，要在追求社会、公众利益的基础上，进一步追求本职工作的成就感，完善本职工作的各个环节，使之以更佳的形象、更高的效率展示在世人面前。国人经常引用法国名将拿破仑的名言，“不想当将军的士兵不是好士兵”。这一方面是鼓励人们要有远大抱负和志向，另一方面则警示人们若没有对军人这一职业的认同、崇敬，就既当不好士兵，也当不好将军。无数的士兵中只有少数佼佼者成为了将军，这些人除了骁勇、才智之外，还有一个共同之处就是具备视军人为天职的敬业奉献意识，可以想象，没有这样对本职工作的热爱，就不会关心它的社会声誉，也不会忍受长久平凡而寂寞的清苦生活，俗话说“吃得苦中苦，方为人上人”，没有脚踏实地的付出，没有对本职工作的苦心钻研、体会，你不会看到瑰丽的彩虹，也永远不能体会岗位成才所带来的喜悦。

敬业精神主要表现为从业人员个体的荣誉感、信念和良心，即通过长期、自觉的敬业实践，形成对本职工作的敬重，获得良好的职业品质。敬业精神还力主促成从业人员乐业勤业，并积极提高自己的业绩和技能。现代化建设需要各种先进科技和无数的人才。但人才并不仅仅指从事专业研究的人。科技人员无疑是人才，一大批各行各业的熟练劳动者，如技术工人、技术农民同样也是人才。事实上，现代化建设不但需要高级专家，而且迫切需要千百万受过良好职业培训的中初级技术人员和技工，没有这样一支劳动大军，再先进的技术和设备也无法被转化为现实的生产力。最重要的是，对本职工作的投入、负责、尽心的思想意识和行为习惯，这样的精神因素构成了高素质劳动者的重要方面。

第三节 奉献精神

贡献可以让快乐加倍，忧伤减半。有时候，贡献并不意味着失去，独占也不意味着拥有，一个人只有懂得贡献，才能够从生活中获得更多；一个人只有懂得贡献，才能够真正地拥有幸福和快乐。自私和狭隘只会让一个人步入生命的低谷，如果一味地让自私和狭隘封闭自己，而不主动去和别人交往和贡献，那么我们永远也不会品尝到人生快乐的滋味。

一、人不要大自私

很多时候，只想着自己的人，并不能如愿以偿得到他想得到的东西。相反，假如能够多为他人想想，拿出自己拥有的一部分与之贡献，结果却会大不相同。

自私和狭隘会阻碍我们与他人贡献，会让我们的生命也因此而步人低谷。我们只有摆脱内心的狭隘和私欲，主动地去施予，去贡献，才能够走出自私自利的小圈子，体会到贡献的快乐。

只有无私的心灵才会品尝到甘泉的甜美，给予、奉献不仅带给人幸福的体会，也会使自己快乐无比。

二、贡献快乐获得幸福生活

贡献可以让快乐加倍，忧伤减半。20 世纪最有名的无神论者西道尔曾经说过：“如果想在短暂的一生中寻找快乐，那必以他人为中心，为他人设想，将他人的快乐作为自己的最大快乐，当周围的人们都幸福快乐的时候，自己才能因此而感染到愉快。”

三、贡献会让你的人生充满活力

英国戏剧作家萧伯纳说过：“倘若你有一个苹果，我也有一个苹果，而我们彼此交换苹果，那么你和我仍然各有一个苹果。但是，倘若你有一种思想，我也有一种思想，而我们彼此交流这些思想，那么，我们每人将各有两种思想。”

把自己的东西主动拿给别人分享，这需要勇气，体现的是仁爱和宽容；而积极地分享别人的思想，则意味着尊重，体现的是民主和合作。

学会分享可以使我们学会关心他人，关心自己；欣赏他人，欣赏自己；有效地团结协作，交际磨合；注意权衡自己在群体中的地位和作用，处理好人际关系；及时地把自己的想法以适当的方式表达出来，走出封闭的自我，积极接纳别人的意见，能够与他人进行心灵的沟通。

许多国际性教育机构调查和研究认为，“学会贡献”“学会交往”“学会合作”已经是 21 世纪学习的显著特征。分享情绪的感受、内心的想法，分享学习和生活中的失败与成功的经验，把个人独立思考的成果转化为大家共有的成果，而且贡献可以同时以群体智慧来解决个别的问题、以群体智慧来探讨学习上遇到的困难和问题，这样又培养了人与人之间相互协作的精神，促进了大家的共同进步。所以说，学会贡献是人生一笔宝贵的财富，我们要学会贡献，这是一项特别的能力。

国内著名成功学专家黑幼龙先生认为，贡献是一个挖掘个人潜力的好方法。知名的“周哈里窗户理论”指出，每个人的内在都像一扇窗，分成四个方块。第一块是自己看得到、别人也看得到的；第二块是自己看得到、别人看不到的；第三块是别人看得到、自己却看不到；第四块则是自己和别人都没有发现的。和人分享的时候，第二块和第三块会愈来愈小，第一块则会愈来愈大，因为你会表达自己的想法，别人也会把他所看见的部分告诉你。

生活中那些进步较快的人有一个很重要的特点就是他们很喜欢跟别人分享，对自己有更多的了解，所以在面对困境时，他们也更容易找到解决方式。长时间下来，跟一个只会埋头苦干的人比起来，差别也愈来愈明显。

不管是公事或私事，许多好点子、好的做事方法、好的观念，都是透过真诚分享才获得的，光靠一个人绞尽脑汁，不会那么容易突破。

一个懂得贡献的人，生命就像加利利海的活水一样，丰沛而且充满活力。只有懂得与别人交流和分享，我们才能够在智慧和情感的分享中不断地提升与发展。

第四节　创新精神

创新是民族之魂，创新能力直接影响甚至决定着一个民族的兴衰成败。改革开放以来数十年的经济腾飞，大大振奋了民族精神。但是我们能不能再使经济快速发展数十年，或者我们依靠什么才能保持永续发展？这是需要深入思考的问题。

一、思想创新的土壤为什么稀缺

思想的创新需要土壤，既包括各种思想流派碰撞的土壤，也要有思想传播的土壤，还要有思想接纳的土壤。人在现实性上是一切（社会）关系的总和，单个的思想者可以有思想的能力，但不能缺少支撑和发展思想的条件。

中国历史上，封建统治者为了维护政权而采取愚民政策，对知识阶层采取了“胡萝卜加大棒”的管理模式，顺从者引其八股取士，让你找到价值追求上的兴奋点，不顺从者以“文字狱”棒杀。可以说，从制度设计到“官本位”价值系统的确立，都是把知识分子作为防范对象，这也决定了中国的知识分子从来都没有形成一种独立的政治力量，只能依附于某一政治力量。

既然是依附，必然奴性十足，因而也就难以进行独立思考，同时难以产生思想的火焰。举例来看，明清两代是中华民族创新力最弱的历史时期，学术所走的道路是从反义理、重训诂走向独尊考据，这与明清大兴“文字狱”有关。特别是清朝时期，知识分子不得不把精力转到故纸堆中，大兴考据之学。清政府也借机推动编纂了规模巨大的《四库全书》，以此把天下的知识分子都吸引到考版本、纠错谬、辨音义的考据之学上来。这种风气和传统延续的结果，必然使一代代知识分子处于狭窄的思想空间中，无法逾越，更无法创造。

造纸和印刷术曾是中国对世界文明的贡献，也是思想的重要载体。然而纵观中国封建史，除了为禁止非统治阶级思想的传播而屡屡焚书外，还通过开科取士把知识分子纳入体制之内予以管束。长此下去，体制内的知识分子必然地要满足统治者的需要，包括满足自己的物质利益，例如某一命题的产生源自统治者的赋予，而是否有价值还是通过统治者的认可和肯定，这种评价系统也必然泯灭新锐思想的产生。

知识分子的主体部分被纳入统治者的囊中，这保证了符合统治者需要的思想的主导性、主体性和强势地位，也决定了其他思想流派就可能成了点缀和陪衬。没有了思想的碰撞和交流，不仅不能使各种思想流派生长，甚至主流思想体系或主导思想也会陷入萎缩，因为一种思想挟持资源过度强大后，这个思想体系中的人们便没有创造思想的动力，因为这时需要的不是思想的武器，只要有消灭或压制思想的武器即可，表现到社会中便是对传统和教条的解读、诠释极尽完善。

或许有人会说，中国土壤不能养育思想家，历史上为什么出现了诸子百家？的确，春秋时期的诸子百家确实盛极一时，不管以当时的历史为坐标，还是以现实的眼光来考量，诸子都是伟大的思想家。能够产生这些伟大的思想家，与当时的政治和人文环境有关，那就是当时的列国争霸，诸侯分立。这种情况下，霸主不管是基于霸权，还是控制力，都需要一大批思想家的支持。

应当说，以上所述至少是影响中国古代、近代以来不能产生更多思想家的一个重要原因。

二、内向思维方式不可不改

在中国第一个拆除围城的城市是上海。19 世纪中期，上海围绕着是否保留围城进行过持续 6 年的争论，最终在大多数市民的支持下拆除了围墙，城砖用在了填护城河上，由此而奠定了上海开放性的民众心理基础与思维方式。为什么会产生这样的效果？在于深及灵魂的强烈的心理暗示和强化。

内向型的思维方式，会蜕变出一种具有封闭特征的“围城心态”，渐渐地使一个民族的精神变得沉重而又缺乏想象力，这时创新便不再成为生活的需要。

轻实证重感悟的思想方法，把人们的关注点吸引到坐而论道，确定在大而化之，而不是实证和科学推理，终于使创新浮于表层，游于初始。重集体轻个体的价值取向，压抑了个性，使创造主体的主观能动性一直未能充分激发出来，导致了创新主体的被动和有限。

重共性还是重个性，这是中华文化与西方文化的重大区别。我们民族之所以重共性，与小农经济的生产力落后有关。单个人或单个家庭无法抵御自然的力量，必须向集体靠拢，必须依赖集体。重集体有其优点、长处，但也不能否认有弱点。例如大家都视集体为希望所在，同时又忘记了集体是由个体组合而成，单个人的责任感必然降低，创造力也就弱化了。不仅如此，当这种意识成为大众的行为准则后，习惯观念也就演变成假借集体打击出头之个体的手段，到这时，个体的活力也就丧失了。

温和缓慢的性格与行为特征，反映的是内心世界的满足与平和，这有利于享受生活，但无益于开创生活，相对于需要冒险与牺牲的创造来说，显然缺少了精神上的支撑。

从民族文化性格上讲，我们是一个平和的喜静不喜动的民族，这种性格的形成主要源自两方面，一个是基因，另一个是文化。从基因上看，我们是吃谷物长大的民族，血液中流动的是平和；西方人是吃肉长大的，血液中流动的是冒险，这种特征既可以从食草动物与食肉动物的特点看出，也可以从人类在竞技体育的门类方式上看出。例如，今天的竞技体育，凡冒险性的运动多由西方人发明，而室内平缓的运动，我们发明了不少。从文化上讲，在人们的思想深处往往是“好死不如赖活着”“身体发肤受之父母，不敢毁伤”“金窝银窝，不如自己的穷窝”。持有这样一种观念，会带来什么呢？只能是冒险精神的弱化，是创新能力的萎缩。

民族传统文化既然存在着抑制创新的因子，为什么其他几个文明古国都消亡了，唯有中华民族的文化生生不息呢？原因还在于中华民族文化是一种包容度、同化力很强的文化，每次外来的文化冲击或者强力打击，都不能改变其发展和演进。

既然民族文化并不能支撑创新，为什么中华民族还给世界贡献了大量的创新成果呢？每一种历史源远流长的文化，总是要涌现出一定量的文明成果，不管它是有意的还是无意的。比如很早就灭亡的古巴比伦文化，就创造了包括最早的两院制议会、最早的伦理标准在内的 27 个世界之最。试想，一个拥有数千年文化的民族，不创造一些文明成果，则是不合逻辑的事情。

随着改革开放的深化，我们民族的思维方式发生了巨大的变化。可以肯定，只要沿着这条道路走下去，不断改善创新思维，提升创新能力，民族的伟大复兴必将成为现实。

三、站在父辈的肩上方能走得更远

一位民族文化巨人曾经说过：一个人不可能抓住自己的头发脱离地球。这句话中的思想内涵是广泛而又深刻的，至少告诉我们一个基本的人生道理：生活于社会中的人们绝不能脱离一定的社会环境，同时也不可能完全脱离环境而独立。只有在一定的生活环境中，人才能健康地成长起来。

与此相一致，一个人不可能割断自己与历史、与父辈间的胳带，而仅靠个人脑海里固有的东西成就一个完善的自我。一个人要立得更高，就必须站到父辈的肩上去。要想获得更大的成就，就不可能离开父辈的教育培养，不可能离开父辈们的成功经验的引导和挫折教训的启迪。同样，一个民族要变得更强大，就离不开全民族一代代人前仆后继的奋斗。这就是人类发展的基本规律。

今天，有些人被种种漂亮外衣包裹起来的所谓“新潮”所惑，准备“抓住自己的头发离开地球”。他们常常会产生错觉，认为父辈思想观念陈旧了，经验落伍了，行为表现土气了，跟不上时代发展步伐了。对于讲历史，讲传统，讲父辈们走过的路，他们不以为然。然而，这些人恰恰忽视了父辈思想和经验给我们带来的巨大影响。如同华夏文化给整个中华民族带来的影响一样，民族文化是通过各种渠道进入每个人的思想中来，甚至深入到每一个人的血液中，不管你走到哪里，不管你居于什么样的国家，都不可能把民族文化的印迹从自己身上完全消除掉。我们的父辈在漫长的历史过程和艰苦卓绝的斗争中，以鲜血和生命凝成的经过历史验证的大量宝贵而又丰富的精神财富，也不可能从我们的生活中完全消除掉。换句话说，你可以否认这些精神财富的价值，却不能无视这些精神财富的存在；你可以不去主动地追求和接受它，却不可能不在生活中随时随地感知它，并受到潜移默化的影响。

很多成功者都是从贫困的农村和山区走出来的，父母纯朴的感情和自强不息、奋发进取精神的影响，就是成功的基本成因。他们从不为自己的出身而感到低人一等，恰恰相反，正是由于出生在农村或山区，他们才早早体味了痛苦、幸福、贫穷、富有这些人生的基本要素，从父辈的教诲中汲取着成功的精神营养。

也就是说，感人的事处处有，能做感人之事的心并非人人有，关键是看你能不能、是不是主动去接受父辈精神的陶冶与感动。实践证明，一个人的成长离不开父辈的培养。一个生活于当今社会的青年人，只有发自内心地想去“读”父辈那种遇艰难而不辍，遇曲折而不悔，为信仰和追求甘愿舍弃一切的精神，才能真正“读懂”其中最深沉、最本质、最可贵的东西，才可以找到人生的支点，找到正确思想感情与精神动力的源泉，找到成功的出路所在。

父辈在他们走过的人生道路上，创造的不仅是辉煌，也有失落；不仅有经验的可喜，也有教训的沉痛；不仅有甜蜜，也有苦涩……然而，正是因为有了他们那来自生活中实实在在、可感可见的人生体验，才足以成为我们人生的坐标，成为我们前进中作为判断和鉴别事物的参照系，才给我们以深深的教益，使我们更聪明，更深刻，更少犯错误，最终走向成功。

如果说在每一位伟人产生的背后，必然有一位伟大的父亲或母亲的话，那么，中华民族在我们这一代人手中屹立于世界民族之林，也离不开父辈奠定的坚实的基础，包含着父辈悲壮而又顽强的努力。

以发展的眼光来看，父辈的文化知识可能不如我们多，见识不如我们广，事业不如我们更辉煌。但谁又能否认，我们之所以比父辈表现得更出色，是因为我们站在了父辈坚实而又宽阔的肩上，是父辈以血汗培育出我们的辉煌。没有父辈的艰难曲折，就没有我们今天的存在，更没有我们明天的美好！

四、创新的希望在青年

为什么说创新的希望在青年，或者说为什么青年最具有创新的潜能？我们可以从这样 3 个方面去分析。

一个是由青年群体的本质特征决定的。我们都清楚，青年群体最大的特点是富有青春的体力、活力与求知上进的欲望。他们为了在更大程度上实现自己的社会价值和人生价值，天然地具有对未知世界的强烈探求欲。他们在探索过程中不怕挫折，具有遭遇挫折后的顽强恢复能力，因而决定了他们具备创新的基础与动力。在西方有一种说法，当到了三四十岁仍然没有成就，就等着退休吧。这从某个方面看出青年期是人生最具创新能力和潜力的时期。关于这一点，我们从新科技领域的从业者的年龄段足以看出。看看北京的中关村，不难发现那些创业者或从业者，主体早已由青年构成，这无疑从实践上证明了青年最具创新潜能。

另一个是由青年群体担负的责任决定的。既然青年人一定要接过前人身上的重担，那么努力完善自我，提高创新能力，就成为最基本的要求。毕竟，当代青年担负着重大的责任。我们知道，今天中华民族中的每个人都担负着把民族推向更高层次的伟大使命。这种使命不是每个时代都具有的，在积贫积弱的近代历史上，能够维持民族不至于灭种已属不易，更遑论走向世界的问题。既然今天我们担负起了这一伟大使命，且完成这一使命的骨干力量离不开青年群体，这就决定了这一代青年较前人责任更重大，要求更高，这也是迫使青年努力开拓创新的主要动力所在。

再一个是青年群体行为结果决定的。青年人在每个时代都产生过光辉的业绩，很多世界著名科学家的很多发明都产生于青年时代。青年人正是以自己的社会贡献向世人表明，具有强烈的求知欲与创新欲，具有极强的实现个人价值的冲动。我们只要注意观察和分析新科技、新经济的发展特点，就会发现青年人接受最快，介入最快，成效也最大，并且随着科技创新或科技换代节奏的加快，国家间科技竞争的加剧，青年人的适应性将会更强，发挥的作用也会越来越大。可以肯定的是，更大程度上发挥广大青年的作用，会更好地推动民族大业的发展进步。

五、农业科技特派员的主要职责是什么？

农业科技特派员制度是以满足“农民增收、农村发展、农业增效”的科技需求为根本出发点，以市场机制为主、政府引导为辅，以科技人员利益、个人价值实现为导向，通过“利益共享、风险共担”机制建立利益共同体，使科技特派员与农民供求有机结合而形成自下而上的创新型农村社会化科技服务制度。科技特派员制度以科技为纽带，以农民和科技人员为主体，用市场机制重组现代生产要素，通过机制创新和制度创新把技术、人才、资金、管理等现代生产要素植根于农村，是我国农业技术推广体系的新生力量。

各地区结合实际情况，探索了各具特色的科技特派员试点工作的机制和模式，发展和丰富了科技特派员制度，初步形成了以西部地区为主，中部地区积极参与，逐步扩大至东部的格局，均取得了良好的经济和社会效益。

通过引入利益机制，科技人员以资金入股、技术参股等形式，与农民结成经济利益共同体，实行风险共担、利益共享，提高了科技服务的质量与效果；在科技特派员的选择上遵循供需双方择优选择的市场规律，根据农民需要，尊重科技人员意愿，充分调动了科技人员和农民的积极性，实现科技资源供给和农民科技需求的有效结合，提高了科技资源的配置效率，优化了农业产业结构；科技特派员制度注重科技大户的示范带动效应，结合当地资源特色开展产业化开发工作，把服务内容向产前、产后延伸，由单一的技术服务向包括生产资料供应、信息服务、市场销售等综合性服务转变，为建立农村科技推广体系提供帮助。

第七章　新型职业农民的责任担当

第一节　自我责任

一、自我责任的含义

责任感则是一个人对待任务、对待公司的态度。一个人的责任感往往是在于人的交往中形成和得到巩固的。同时，在交往中学习为自己的选择承担责任，这是每个人都必须经历的过程。一个人的责任包含很多方面，如自我责任、家庭责任、集体责任、社会责任等，但自我责任是一切的基础和根本。

1. 我是谁

（1）我就是我自己，每个人都属于自己，对得起自己。

（2）自我唯一——自我珍惜——自我责任。

2. “我”是一个自我负责的主题

（1）“我”。独立自主、意志自由。

（2）“我”必须为“我”的选择与行为担负责任。

（3）“我”有能力也有义务为“我”的言行担负责任。

（4）做最好的自己——自我负责。

二、自我责任主要体现的方面

（一）为自己负责，成为博学多才的人

学习是人类进步的阶梯和发展的动力。不学习就会在新形势、新思维、新任务、新挑战面前无所适从、踌躇不前、无从下手。因此，我们要树立终身学习的理念，把“被动学习”变为“主动学习”。

要向书本学，向实践学，做到学以致用。同时，要把学到的东西不断进行拓展性思考，以增强解决实际问题的能力，增强用科学管理指导具体实践的本领。只有尽力学习了，知识增加了，阅历丰富了，才能在实践中言之有理、论之有据、思之成方。

（二）为工作负责，成为出类拔萃的人

为工作负责，就是要敬业，即尊敬、尊崇自己的职业。敬业是一种责任精神的体现，一个有敬业精神的人，才会真正为所从事的事业的发展做出贡献，自己也才能从工作中获得乐趣，实现自我价值。

一是时刻保持良好的工作状态。也可以叫做富有工作激情。激情是干好工作的根本，而保持激情的唯一方法就是爱上你的工作。曾有人文英国哲人杜曼先生，成功的第一要素是什么，他回答说：“喜爱你的工作。如果你热爱自己所从事的工作，哪怕工作时间再长再累，你都不觉得是在工作，相反，像是在做游戏”。

二是真抓实干，重在落实。心态创造行动，行动造就结果。落实的关键就在于行动，落实的成效就在于结果。

三是于细微之处彰显责任。细节体现责任，责任决定成败。皮尔卡丹曾经对他的员工说：“如果你能真正地钉好一枚纽扣，这比你缝出一件粗制的衣服更有价值。”在工作中，注重每个环节、做好每件小事，才是敬业精神的精华所在，才能打好成就大事业的坚实基础。

四是心系责任，勇于创新。责任驱动创新，创新实现责任。

（三）为社会负责，成为胸怀大爱的人

社会学家戴维斯说："放弃了自己对社会的责任，就意味着放弃了自身在这个社会中更好地生存的机会。"如今全社会都在提倡和谐，致力于构建和谐家庭、和谐国家、和谐社会。作为社会的一分子，我们理应将"和谐社会"这一崇高目标作为自己义不容辞的义务，这是一种社会责任的体现。

一是以团结为本。凝聚产生力量，团结诞生希望。团结是生存和发展的重要因素，更是敦促我们奋勇前行的源动力。在工作中，志同道合是团结的根基，在与人的交往中，尊重、信任、理解、帮助、关心是团结的基础。个人的力量再强大，对成就一项事业来说，也是微不足道。雷锋说过："一滴水只有放进大海里才永远不会干涸，一个人只有当他把自己和集体事业融合在一起的时候才能最有力量。"因此，在工作中我们明确自己的位置，摆正自己的心态，把责任与团结作为攻坚克难的制胜法宝。搞好团结，应把握好三点：一是有原则，就是按照原则办事和组织纪律团结，不能无原则的团结；二是有标准，就是做事要光明正大，不搞阴谋诡计；三是有技巧，退步、忍让、包容、妥协也是一种技巧。

二是要与人为善。这里所说的善，并不是简单意义上的单纯，善良，而是一个人内心的宽容，思想上的博爱，与人与物的忍耐。《孟子·公孙丑上》曰："取诸人以为善，是与人为善者也。故君子莫大乎与人为善。"其本意是汲取别人的优点，与他人同做善事。后被引申发展为"以善意的态度对待和帮助他人"，即事事处处为他人着想，胸襟宽阔，豁达大度，不计小怨，从而达到与人和睦相处，团结共事的目的。或许有人会质疑，秉持"与人为善"之道做官、做生意、做学问、做工作，终究免不了要吃亏。然而，这种"吃亏"也许是指物质上的损失，但是一个人的幸福与否，却往往是取决于

他的心境如何。如果我们用外在的东西，换来了心灵上的平和，那无疑是获得了人生的幸福，这便是值得的。

三是要低调本分。低调既是一种姿态，也是一种风度，一种修养，一种品格，一种智慧，一种谋略，一种胸襟。通俗地讲，就是做事情、干工作不出格、按照规定的动作办事、按照规矩出牌。具体讲就是——谦虚谨慎，不说过头话；人该怎样做：那就是讲诚信、重事实、认准人、慎交友；事该怎样做：那就是低调本分，不炫耀，不做过头事。

四是要换位思考。换位思考，就是设身处地为他人着想，即想人所想，理解至上。在日常的学习生活中，人与人之间发生矛盾、产生分歧是在所难免的，关键是要懂得如何正确对待与解决分歧、矛盾。古人云："己所不欲，勿施于人"。在工作生活中，我们要学会"以责人之心责己，以谅己之心谅人"。因为每个人所受的教育程度不同、阅历不同、站的位置不同，对同一事情有不同看法，这很正常。无论在家庭、在单位，如果说话办事多站在对方的角度考虑问题，理解对方，我们就会减少许多不必要的家庭纠葛和社会矛盾，形成一个和睦的家庭，一个和谐的集体乃至一个和谐的社会。

五是要增强自己的非职务影响力和人格魅力。非职务影响力就是非权力的影响力，是用人格、人品、能力、才华、觉悟、风格等力量，让大家心甘情愿地服从领导。一定程度上讲，这个影响力更大、更重要。职务的影响力是客观的，有了这个职务就有了这个影响力，而非职务影响力是靠自身素质、能力和觉悟的不断提高形成自己的人格和人品，一个优秀的领导，应该更加注重历练自身的非职务影响力。

第二节　家庭责任

一、夫妻关系决定家庭幸福

夫妻关系决定家庭幸福，关键是怎样处理好夫妻关系。俗话说："百年修得同船渡，千年修得共枕眠。"夫妻生活在一处，低头不见抬头见，就像一张嘴里面的牙齿，难免有个磕碰。不是所有的夫妻都能够举案齐眉、相敬如宾的。

两个人建立一个家庭，男主外，女主内，各有分工，不再像谈情说爱时那么单纯，肩上扛着的是养家糊口的责任，爱情也开始有了柴米油盐酱醋茶这些气味。打个比方说，谈恋爱时，两个人像两张色彩美丽的锡箔纸，相看两不厌；结婚后，每个人都可以触摸对方，直到把这张锡箔纸消磨掉原先的光彩，变成脏兮兮的白纸，两个人的缺点都毫无顾忌地袒露出来，而家庭的幸福似乎化成一个肥皂泡。

有一对夫妻，老公正看着电视，啃着瓜子，忽然间老婆从厨房喊着："老公，可不可以帮我修电灯？"

老公不耐烦地说："我又不是水电工！"

没多久老婆又喊："老公，可不可以帮我修冰箱？"

老公不耐烦地说："我又不是电器维修工！"

过了一会儿老婆又喊："老公，可不可以帮我修酒柜的门？"

老公觉得很烦，生气地说："我又不是木工！"然后就跑到外面喝酒解闷。

过了一小时，老公觉得心有愧疚，决定回家把那些东西修一修，但是回家后，发现东西全修好了，便问老婆："那些东西为什么都修好了？"

老婆说：“你离家后，我就伤心地坐在门外，碰巧有一个年轻帅哥经过，他知道了这件事，关心地说：‘我可以替你修，但你可以做蛋糕给我吃吗？’”

老公听了就说：“那你做什么蛋糕给他吃？”

老婆回答：“我又不是做蛋糕的师傅。”

这样的一对夫妻被生活的琐碎事情磨得没有宽以待人的耐心。要明白，老公不是一种身份，而是一种责任；老婆不是一种昵称，而是一种守护。夫妻要的是一辈子都能在一起，穷也好，富也罢，永远不分开。当你嫌弃身边的男人不够富裕、不够出息的时候，你有没有想过，他为了你一直都在努力？当你嫌弃身边女人不够漂亮、不够温柔的时候，你有没有想过，有多少男人想得到她？

有一张爱情正能量照片，是画家吴冠中和他的妻子：飘着细雨的黄山上，他在画画，她站在后面，默默地为他举着伞……多年后，他们的爱情是另一幅画面：她患上老年痴呆症，总怕煤气没关好，去厨房来来回回地开关煤气。他就跟在她身后，她开了，他就关，从不嫌烦……爱情不在花前月下，而是在风雨同舟时、柴米油盐间。

宋丹丹说：“原本只想要一个拥抱，不小心多了一个吻，然后你发现需要一张床、一套房、一个证……离婚的时候才想起：你原本只想要一个拥抱。”其实夫妻关系也需要正能量，需要彼此包容，温柔对待。

一个幸福的家庭和人的才华没有关系，它的构建需要一种爱的正能量，需要夫妻双方有善解人意的品性、宽容的智慧。

当年，畅销书作家张爱玲和胡兰成结婚，不到两年就离婚。张爱玲事前就知道胡兰成是花心大萝卜，不顾世俗反对，爱了就爱了，心想船到桥头自然直，于是两人就结婚了。后来，胡兰成跑到千里之外，张爱玲千里迢迢地找他，她明白了胡兰成的心思。她不喜欢胡兰成结婚之后还是花心大萝卜，回去就寄给胡兰成30万元分手费，给他写信说明，你别给我写信了，你写了我也不看。

问世间情为何物，不过是一物降一物。刁蛮任性的人也会遇上让他们不敢耍浑的人。无论高贵抑或犯贱，都需心甘情愿。降不住你的人，你则做不到心甘情愿。大家总在问："什么才是对的人?"有钱的、有权的、有才的、有貌的……细想来都是浮云，只需找一个降得住你的人。

建立良好的夫妻关系的秘诀主要是这两个人都够情投意合，能够懂得关怀包容。沈复遇见芸娘才有了感人肺腑的《浮生六记》；评剧皇后新凤霞遇见才子吴祖光，那叫相看两不厌。即使在"文革"时期，吴祖光被批斗，新凤霞依然不离不弃、相濡以沫。夫妻之间相亲相爱，幸福自然如影随形。

歌手陈升曾经做过一件略显矫情的事情。他提前一年预售了自己的演唱会门票，来购票的人必须是情侣，花一张票的钱可以获得两个人的座位，入场券分为男生券和女生券，恋人各自保管自己的那张门票，一年后，来看演唱会的情侣必须把两张票合在一起才算有效。售票处人山人海，全是十指相扣的情侣，一抬头就可以看见演唱会的巨幅海报，它叫："明年你还爱我吗?"

热恋中的人不屑质疑：岂止明年，我们的爱会生生世世、地老天荒。

然而，总有很多梦想被现实击碎，岁月击碎了海誓山盟，并不是每句正能量承诺都能保证执子之手，与子偕老。

到了第二年，陈升专设的情侣席位果然空了好多位子。他面对着那一个个空板凳，脸上带着怪异的歉意唱了一首哀怨的歌：把悲伤留给自己。

世间不是所有的恋人都能够成为朝夕相处的夫妻，也不是所有的夫妻都能够得到众人的祝福。可是只要两人相爱、情投意合，他们就能够创造一个幸福的世界。

20 世纪 50 年代，20 岁左右的重庆市江津中山古镇高滩村村民刘国江爱上了大他 10 岁的“俏寡妇”徐朝清。为了躲避世人的流言，他们携手私奔至海拔 1 500米的深山老林，自力更生，靠野菜和双手养大了 7 个孩子。

为让徐朝清出行安全，刘国江一辈子都忙着在悬崖峭壁上凿石梯，以便通向外界，几十年如一日，凿出了石梯 6 000多级，被称为“爱情天梯”。

这两人正能量的爱情故事被媒体曝光后，在全国范围内得到了强烈的反响，他们被评为“2006 年首届感动重庆十大人物”，同年，他们的故事又被评为“中国十大经典爱情故事”。

这场旷世绝恋随着徐朝清老人一起入了土，在感情日渐淡薄的今天，很多人仍然感受到这份爱情正能量，感慨“我又开始相信爱情了”。

一对幸福的夫妻一起走过了大半辈子，多年来他们每晚睡前最后一刻必定都跟对方说一句：“我爱你。”别人问他们为什么有这个习惯，丈夫说：“我们都这把年纪了，假如我们其中一个第二天没有醒来，我们在人生里留给对方的最后一句话就是这 3 个字。”

一个幸福的家庭即使面对挫折，因为彼此有相濡以沫的正能量，所以容易迎来峰回路转、柳暗花明的一刻。

地处日本东京闹市区的一家商店专门经营手帕。一天，在商店打烊之后，夫妻两人在灯下盘算着一天的营业额。

妻子重重地叹了口气说：“现在的生意越来越难做了。上个月还卖掉了几十打手帕，这个月只剩下几打的销售额了，真是一天下如一天。再这样下去，我们只好关门歇业了。”

丈夫也叹着气说：“下午我去工厂进货，那些大公司和超级市场的阔商一进就是一卡车手帕，厂家对我们这些零星小户头似乎也不在乎了。长此下去，如何是好？”

3个月前，附近开设了一家超级市场，那里的手帕花样繁多、门类齐全，应有尽有。这家小小的夫妻店根本无法与之竞争，生意一落千丈。到店里问路的人倒是不少，但一般是问完路就走。

虽然商店面临着巨大的困境，他们依然能够在每天收摊之后和和美美地在一起，无微不至地关怀着对方，他们相濡以沫，一起吃饭，一起聊天。

有一天，妻子在吃饭的时候感慨了一句：“难道我们开这家店只是为了当一个业余的路径咨询员吗？我们能不能想想其他办法呢？”

“什么？我们是业余的路径咨询员？”丈夫眼睛突然一亮，脑子里很快闪过一个念头：“不，我们要当职业的路径咨询员！”

“怎么？你疯了！你要撇开小店去当导游吗？”妻子问道。

“我没有疯，我终于想到办法了！”丈夫高兴地喊了起来。

原来丈夫是这样设想的：在手帕上印有山水、花鸟以及各种图案和花样，这些只有审美和观赏价值，但并无实用价值；既然到小店来问路的人很多，何不在手帕上印上当地的导游图呢？这样既方便顾客，又利于推销商品，还可以得到厂商的重视和青睐，真可谓是“一石三鸟”的好办法。

他立即将这个想法付诸实施，到手帕厂定制了成批印着东京交通图及有关风景区导游图的手帕，放在小店里出售。从此以后，这家夫妻店的生意又兴旺起来了。

就这样的一家夫妻店，因为在企业经营出现瓶颈的时候依然能够共同面对，温柔地对待对方，从而获得了新的创业灵感，走出了经营瓶颈，拥有了自己的一片天空。

钱锺书先生对杨绛女士有这样一段评价，后来被社会学家视为幸福婚姻的典范：“其一，在遇到她以前，我从未想过结婚的事。其二，和她在一起这么多年，从未后悔过娶她做妻子。其三，也从未想过娶别的女人。”

这样一位文化巨匠著作等身，在教书育人外，还进行文艺创作，作出了非凡的成就，就是源于他有个幸福的家庭。

杨绛和钱锺书结婚后，怀着做荆钗布裙、吃粗茶淡饭的心思。虽然日子清苦，但还是有一个院，两三亩地，栽花种豆，浇院采桑，还可以闲敲棋子，夜挑灯花，真是桑麻蒿艾皆文章。

钱锺书花了两年才写成《围城》，出版时则往往在前面加上“杨绛的丈夫”的字样。杨绛是个知名的编剧，作品有《称心如意》《弄假成真》《游戏人间》等，当然比只会教书育人的钱锺书有名气。

钱锺书想写小说，却苦于没有时间。杨绛坚决支持钱锺书，她明白，爱情是一种温柔的欣赏，而不是强硬的雕塑。她鼓励他：“你写吧，生活不用担心。虽然我们已经比较节俭，但可以更节俭一些。”于是钱锺书减少课程，开始创作《围城》。每天写 500 字。写完后，钱锺书读，她听。这个清苦的知识分子家庭笑声不断。

钱锺书喜欢吃虾，杨绛下厨房去做。杨绛看到虾被杀掉，于是禁不住害怕，问他可不可以不吃虾。他撒娇说：“不，我要吃虾。”于是杨绛莞尔一笑，继续做虾。

幸福的家庭都有着良好的夫妻关系，妻子贤惠，丈夫温存，两个人能够懂得彼此呵护。有科学家研究发现，拥有心胸宽广、不容易发脾气的丈夫，妻子的皮肤会变得光滑细腻，而且常常容光焕发。而那些寡言少语、心胸狭猛的丈夫，他们的妻子大多郁郁寡欢、皮肤粗糙，还容易长暗疮和黄褐斑。当然，一个理解丈夫的妻子，也一定能够让丈夫在事业上获得成功。有句话这么说："一个成功男人的背后必定有个伟大的女人。"

一个幸福的家庭需要正能量的浇灌，需要两个人用心地呵护，这份呵护里有包容、理解，有欣赏、真诚，也要给彼此一个自由的空间。《圣经》中，神对男人和女人说："你们共进早餐，但不要在同一碗中贡献；你们共享欢乐，但不要在同一杯中啜饮。像一把琴上的两根弦，你们是分开的也是分不开的；像一座神殿的两根柱子，你们是独立的也是不能独立的。"

幸福的家庭来自良好的夫妻关系，而夫妻之间的关系是需要用心经营的。夫妻要懂得珍惜对方，这没有多少道理可讲。

二、在爱中管教孩子

上古时期，华夏大地黄河泛滥，洪水滔天。当时，尧任命鲧治理洪水。鲧治水很勤奋，哪有水就堵哪儿，堤坝建了很多，可是不见成效。后来，鲧的儿子禹子承父业，接了治理洪水的活儿。大禹的秘密是改堵为疏，也就是将水流引向各个方向，洪水得到了治理。

有时候，孩子犯了错，有的父母的反应就是打骂责罚，用这种警戒惩罚的方式管教孩子，希望孩子改正错误。这种管教方式就好像鲧的治水方式，哪里有洪水，就在哪里建造堤坝。有的父母则能够用爱管教孩子，让孩子在错误中反省自己，这种方式就像大禹治水，宜疏不宜堵。两种方法比较，还是用爱的方式管教更加高明。

然而生活中并不是每个父母都懂得这个道理，他们用自己的暴力对待自己的孩子。他们原本也是为了孩子的健康成长而不断地提出要求，但由于不懂得用爱的方式，不懂得给孩子提供爱的正能量，其结果往往南辕北辙，适得其反。

吃过晚饭，母亲忙着似乎永远也忙不完的家务。刚上五年级的女儿问妈妈：“妈妈，您的心愿是什么？”

母亲先是一愣，接着回答：“我的心愿很多，跟你说没用。”

“您就说说看，这对我很重要。”女儿执拗地要求。

“好吧，我就说给你听听！第一，希望你努力学习，保持好成绩；第二，希望你将来考上名牌大学；第三……”妈妈回答。

“哎，妈妈，您怎么总是围着我打转转，能不能说说您自己呀？”女儿打断妈妈的话，继续问道。

“我嘛——希望身体健康，青春长驻；希望工作顺利，事业有成；希望家庭和睦，美满幸福……”母亲有滋有味地说着，沉浸在对美好未来的种种设想之中。

“哎，妈妈，您说的这些又大又空，能不能说点儿实际的？比如您想要……”女儿仍不满意。

母亲渐渐意识到了什么，有些恼火地打断女儿的话：“我就知道你跟我玩心眼儿，一定是老师布置了关于心愿的作文题目，你写不出来就想到我这里挖材料，对不对？实话告诉你吧，我的心愿多着呢。我想要别墅，想要小轿车，想要高档的时装……看，我的皮包坏了，还想要一个鳄鱼皮手袋。这些你能满足我吗？跟你说有什么用？我的心愿说完了，你去写作业吧！”

女儿一直用惊奇的眼光看着母亲。她没说一句话，静静地走回自己的房间。

屋子空荡荡的，安静得只听见墙上的钟摆声，母亲觉得有些话还意犹未尽，又站起身推开女儿的房门。女儿正在写作业，串串泪珠滚落。母亲的火气又窜了上来，用比刚才还要高出几分贝的声音吼道："你还觉得挺委屈是不是？你想偷懒不写作业是不是？你故意气我是不是？"

"妈妈，我不是……"女儿无奈地回答。

"还敢顶嘴！告诉你，9 点钟之前写不完这篇作文有你好瞧的！"母亲很权威地命令着，一扭身，"嘭"的把门关上。

生活中，这样的场景太常见了，由于父母与孩子没有进行良好的沟通而引起了争吵。为什么不能耐心地倾听孩子的想法呢？为什么总要推己及人地认定自己的孩子不想好好学习是在偷懒呢？因为这样的父母内心充满恐惧，怕在孩子学习的时候和他们说话会影响孩子的成绩。这种恐惧是他们的内心缺少爱的正能量，缺少用爱管教的意识。

用爱管教孩子实在太重要了。父母是孩子的第一任老师，也是孩子最先认识世界的一个窗口。如果孩子生活在批评之中，就学会指责；如果孩子生活在暴力之中，就学会打架；如果孩子生活在嘲笑之中，就学会胆怯；如果孩子生活在鼓励之中，就学会自信；如果孩子生活在安全之中，就学会信任；如果孩子生活在认可和友好的环境中，就学会在世界上寻找爱，让他们心中充满正能量！

用爱管教确实是一种优秀的管教孩子的方式。很多名人的成功都得益于成长时期得到父母的爱的管教。

球王贝利出生在巴西一个贫困的小镇里，父亲是一位因伤退役、穷困潦倒的足球运动员。贝利从小酷爱足球运动，很早就显现出踢球的天分。因为家里穷，父亲没有钱买足球，为了鼓励儿子贝利对足球的热爱，他用大号袜子、破布和旧报纸做成一个自制"足球"送给儿子。从此，贝利常常光着黑瘦的脊梁，在家口前坑坑洼洼的街面上，赤着脚向想象中的球门冲刺。

10 岁时，贝利和伙伴们组建了一支街头足球队，在当地渐渐小有名气。足球在巴西人的生活中有着举足轻重的位置，因此镇里开始有不少人向崭露头角的贝利打招呼，还给他递香烟。贝利很享受那种吸烟带来的“长大了”的感觉，渐渐有了烟瘾。因为买不起香烟，他开始到处找人索要。

一天，贝利在街上向人要香烟时被父亲撞见了。父亲的脸色很难看，眼里充满了忧伤和绝望，还有恨铁不成钢的怒火。贝利不由得低下了头。

回家后，父亲问贝利抽烟多久了，他小声辩解说自己只吸过几次。忽然，贝利看见面前的父亲猛然抬起了手，他吓得肌肉紧绷，不由自主地捂住自己的脸。父亲从来没有打过他，可今天他的错误确实有些大了，小小年纪就抽烟，而且还撒谎。

然而出人意料的是，父亲给他的并不是预想的耳光，而是一个紧紧的拥抱。

父亲把贝利搂在怀中说：“孩子，你有踢球的天分，可以成为一个伟大的球员。但是如果你抽烟、喝酒，染上各种恶习，那么足球生涯可能就至此为止了。一个不爱惜身体的球员，怎么能在90分钟内一直保持良好的状态呢？以后的路怎么走，你自己决定吧！”

父亲放开贝利，拿出瘪瘪的钱包，掏出里面仅有的几张纸币说：“如果你真忍不住想抽烟，还是自己买的好。总向别人索要，会让你丧失尊严。”

贝利感到十分羞愧，眼泪几乎要夺眶而出，当他抬起头时，发现父亲的脸上已是泪水纵横……

后来，贝利再没有抽过烟，也没有沾染任何足球圈里的恶习。他父亲的拥抱给他无穷的正能量，他以魔术般的足球天分和高尚、谦逊的品格，被誉为20世纪最伟大的运动员。

多年以后，已成为一代球王的贝利仍不能忘怀当年父亲的那个幸福拥抱，他说：“在几乎踏上歧路时，父亲那个幸福温暖的拥抱比给我多少个耳光都更有力量。”

球王贝利的爸爸虽然不是一个伟大的足球运动员，但是他是一个伟大的父亲。正是因为他懂得用爱来管教自己的孩子，给贝利正能量的鼓励，让儿子成为足球史上无法抹去的伟大球星。

孩子在犯错误之后有个懂得用爱管教的爸爸，不单贝利有这样的幸运。美国最伟大的总统之一华盛顿也是如此。

一天，父亲送给小华盛顿一把小斧头。小华盛顿很高兴。他想：父亲的大斧头能砍倒大树，我的小斧头能不能砍倒小树呢？我要试一试。

他看到花园边上有棵樱桃树，微风吹得它一摆一摆的，好像在向他招手：“来吧，小华盛顿，在我身上试试你的小斧头吧！”

小华盛顿高兴地跑过去，举起小斧头向樱桃树砍去，一下，两下……樱桃树倒在地上了。他又用小斧头将小树的枝条削去，把小树棍往两腿间一夹，一手举着小斧头，一手扶着小树棍，在花园里玩起了骑马打仗的游戏。

他的爸爸回家后，看见被砍断的小树，非常生气，因为这棵樱桃树是花了很多钱才买到的，是华盛顿的爸爸最喜欢的一棵树。

华盛顿看着爸爸很生气，心里虽然很害怕会被处罚，但是还是鼓起勇气跟爸爸说：“爸爸，樱桃树是我砍的！我只是想试试您送我的斧头是不是很锋利。”

他的父亲看到华盛顿有勇气承认自己的错误，不但没处罚他，反而大声地称赞他：“好孩子，你的诚实让我很欣慰，因为即使是一万棵樱桃树也比不上一个诚实的孩子啊！”

华盛顿的父亲是一个有智慧的父亲，他巧妙地把责罚转变为对诚实行为的赞扬。这对华盛顿以后的成长影响深远。

孩子在成长的过程中，难免会有些行为不端、不省心的地方。其实每个行为不端的孩子都需要父母的关爱，如果只是一味地打罚责骂，忽视孩子行为背后的需要，忽略正能量的鼓励，就会阻碍事情的妥善处理。

爱的管理需要我们这样反问自己：“我要做什么才能矫正孩子的行为？”“为什么时常导致欠缺考虑的处罚？”如果能够问“孩子需要什么”，则将使我们有信心把情况处理得更加妥帖。

三、亲人是祖先留给我们的朋友

在最无助的人生路上，亲人能够给我们最持久的正能量，给予我们无私的帮助和依靠；在最寂寞的情感路上，亲人是最真诚的伴侣，让我们感受无比的温馨和安慰；在最无奈的十字路口，亲人给我们最清晰的路标，指引我们成功地达到目标。

假如说，朋友是我们自己寻找的亲人，那么，亲人就是祖先留给我们的朋友。

亲人与我们有着血浓于水的天然情感，虽然没有“在天愿作比翼鸟，在地愿为连理枝”的海誓山盟，却也是“天长地久有时尽，血脉相连无绝期”的亘古永恒；虽然没有“身似门前双柳树，枝枝叶叶不相离”的长相守，却有“但愿人长久，千里共婵娟”的默默祝愿。亲人是我们最天然的正能量来源。

有这样一个故事，讲的是一对兄妹之间的感人故事。

男孩与他的妹妹相依为命。父母早逝，他们的家庭只有他和妹妹两个人，他是女孩子的唯一的亲人。然而灾难再一次降临在这两个不幸的孩子身上，妹妹染上重病，需要输血。医院的血液太昂贵，男孩没有钱支付任何费用，尽管医院已免去了手术的费用。

作为妹妹唯一的亲人，男孩的血型与妹妹相符。医生问男孩，是否有勇气承受抽血时的疼痛。男孩开始有些犹豫，这个只有 10 岁的孩子深思了一会儿，终于点了点头。

抽血时，男孩安静得不发出一丝声响，只是向病床上的妹妹微笑。抽血后，男孩躺在床上一动不动。一切手术完毕，男孩停止了微笑，声音颤抖地问："医生，我还能活多长时间?"

医生正想笑男孩的无知，转念间又被男孩的勇敢震憾了：在男孩 10 岁的大脑中，他认为输血会失去生命，但他仍然肯输血给妹妹，在那瞬间，男孩是勇敢地作出付出一生的决定并下定了死亡的决心。

医生的手心渗出了汗，他握紧了男孩的手说："放心吧，你不会死的。输血不会丢掉性命。"

男孩眼中放出了光彩："真的?"

男孩问道："那我还能活多少年?"

医生微笑着，充满爱心地说："你能活到 100 岁！小伙子，你很健康!"

男孩从床上跳到地上，高兴得又蹦又跳。他在地上转了几圈确认自己真的没事时，就又挽起了胳膊——刚才被抽血的胳膊，昂起头，郑重其事地对医生说："那就把我的血抽一半给妹妹吧，我们俩人每人活 50 年!"

所有的人都被震撼了，这不是孩子无心的承诺，这是人类最无私、最纯真的诺言。他让我们感受到了，在困境中只要有爱，就能够具有催人奋进的正能量。

虽然无从考证这个故事是否真实，但是却能让看到这个故事的人心底颤抖，感动不已。这就是我们每个人都认同的亲人之间的深厚感情，它超越种族，超越国籍，超越时间，它是每个人都能读懂的共同语言。

在你困难时，能够同舟共济的人，是亲人；在你失落时，能够给你一个温馨港湾、不离不弃的是亲人；在你成功辉煌、踌躇满志时，不图回报的还是亲人。亲人是祖先留给我们的财富，更是我们最纯洁的朋友。

如今赫赫有名的乐清科源稳压器厂是一个典型的家族企业，厂长周熙文在创业途中曾经获得了家人的大力支持和帮助。

一个偶然的机会，乐清人周熙文从市场上了解到一种叫作稳压器的产品很畅销。由于当时各地的电网电压较低，居民家里使用空调时往往由于电压过低而不能开机使用，必须借助稳压器才行。

于是周熙文立即从市场上买来几台稳压器进行解剖，把零件一个一个拆开后仔细研究，然后再根据相关的技术书籍，博采众长，画出更精致的电路图。

在确认产品可以生产后，周熙文回到家中，与几个兄弟商量经商的事情。当时，周熙文的大哥周熙存刚到一家大型私营企业工作，弟弟周杨刚刚大学毕业，妹妹周晓燕也在家待着。于是，兄妹几人一合计，决定以稳压器为龙头产品，创办一个公司。

周熙文的大哥和弟弟都是电子专业的人才，他们为周熙文出谋划策；而周熙文的妹妹周晓燕则是财经专业毕业的，她为周熙文将财务管理得井井有条。

就这样，乐清科源稳压器厂诞生了。兄妹几人各司其职，生产出的样机也很快通过了上海权威部门的检测。

如今，乐清科源稳压器厂已经发展成为浙江三科电器有限公司。

浙江三科电器有限公司，就是在亲人的大力帮助下大获成功的家族企业。在国内，这样的例子很多，例如，正泰集团董事长南存辉在刚刚创业的时候，也是他的亲人和他站在同一条战线上，打拼出今天的江山。英国有个富豪家族——罗斯柴尔德家族，从来不和外族人通婚，他们就是依靠亲人的关系来维护自己的事业。

因为这里面有个更深的关系，就是亲人是更值得我们信任的人。

很多人只知道比尔·盖茨他今天真正成为世界首富的秘密，是因为他掌握了世界的大趋势，还有他在电脑上的智慧和执着。其实比尔·盖茨之所以成功，除这些原因之外，还有一个最重要的关键，就是比尔·盖茨的有自己亲人的帮助。

比尔·盖茨在创立微软公司的时候只是一个无名小卒，但是在他 20 岁的时候签到了一份大单。

假如把营销比喻成钓鱼的话，是钓大鲸鱼，还是钓小鱼比较好呢？回答肯定是大鲸鱼。因为钓大鲸鱼钓一条可以吃一年，但钓小鱼的话得天天去钓。比尔·盖茨在 25 年前创业的时候，他就了解了这一点，他一开始就钓了一条大鲸鱼。

比尔·盖茨 20 岁时签到了第一份合约，这份合约是跟当时全世界第一强电脑公司——IBM 签的。

当时，他还是一个在大学读书的学生，没有找到优秀的合作伙伴。他怎能钓到这么大的“鲸鱼”？可能很多人不知道。原来，比尔·盖茨之所以可以签到这份合约，中间有一个中介人——比尔·盖茨的母亲。

四、孝敬你母要及早做起

树欲静而风不止，子欲养而亲不待。

——《韩诗外传》

有一句古话叫作“树欲静而风不止，子欲养而亲不待”，意思就是说孝敬父母要及早做起，不要等父母都不在了才想起要孝顺，那已经为时已晚，只能空留遗憾。

世界首富比尔·盖茨曾经说过这样一句话：在这个世界上，什么事情都可以等待，但是只有孝顺是不能等待的。这位富可敌国的大富翁为什么会发出如此感慨呢？因为他觉得：时间如流水，是根本就不会等人的，青少年时期我们每个人都有很多事情要忙，忙学习，忙游戏，忙作业……等我们成人了，我们还要忙工作，忙事业，当我们认为真正拥有了可以孝顺父母的能力的时候，可能已经为时太晚了，因为这时候的父母已经吃不动也穿不了了，有的父母甚至已经离开了尘世。就是为了避免这种悲剧发生，比尔·盖茨每年都要拿出一大笔钱孝敬父母，让父母自由消费。我们虽然做不到比尔·盖茨那样，但也应当注意趁父母还健在的时候多为父母做点事，用实际行动来表达我们对他们的爱和感激，而不要总是把爱埋在心里。

卡耐基在为成年人上的一堂课上，曾给全班出过一道家庭作业。作业内容是："在下周以前去找你所爱的人，告诉他们你爱他。那些人必须是你从没说过这句话的人，或者是很久没听到你说这句话的人。"

在下一堂课程开始之前，卡耐基问他的学生们是否愿意把他们对别人说出爱而发生的事和大家一同贡献。卡耐基非常希望跟往常一样是个女士先当志愿者。但这堂课上，一个男人举起了手，他看起来有些激动。

男人从椅子上站起身，开始说话了："卡耐基先生，上礼拜你布置给我们这个家庭作业时，我对你非常不满。我并没感觉有什么人需要我对他说这些话。还有，你是什么人，竟敢教我去做这种私人的事？但当我开车回家时，我想到，自从5年前我的爸爸和我争吵过后，我们就开始彼此避免遇见对方，除非在圣诞节或其他家庭聚会中非见面不可。除此以外，我们几乎不交谈。所以，回到家时，我告诉我自己，我要告诉爸爸我爱他。"

“说来也很怪，做了这决定时我胸口上的重量似乎减轻了。”

“第二天，我一大早就急忙起床了。我太兴奋了，所以几乎一夜没睡着，我很早就赶到办公室，两小时内做的事比从前一天做的还要多。”

“9点钟时，我打电话给我爸爸，想问他我下班后是否可以回家去。他听电话时，我只是说：‘爸，今天我可以过去吗？有些事我想告诉您。’我父亲以暴躁的声音回答：‘现在又是什么事？’我跟他保证，不会花很长的时间，最后他终于同意了。五点半，我到了父母家，按门铃，祈祷我爸会出来开门。我怕是我妈来开门，而我会因此丧失勇气。但幸运的是，我爸来开了门。”

“我没有浪费一丁点儿的时间——我踏进门就说：‘爸，我只是来告诉你，我爱你。’”

“我爸爸听了我的话，不禁哭了，他伸手拥抱我说：‘我也爱你，儿子，原谅我竟一直没能对你这么说。’”

“这一刻如此珍贵，我祈盼它静止不动。爸和我又拥抱了一会儿，长久以来我很少感觉这么好过。”

青少朋友要牢记：孝顺父母要及早做起，趁父母还在身边，多用实际的行动向他们表达我们的爱，不要因为过分矜持而羞于表达或者推迟行动。

五、孝敬父母要亲力亲为

不知道善意不一定就不能行善，善不是一种学问，而是一种行动。

——罗曼·罗兰

孝敬父母要身体力行。再美的语言也比不上实际的行动。

孝敬父母应当体现在日常的行动中。帮父母做一点力所能及的事情，哪怕是一件微不足道的事情也可以体现我们的爱心。如果缺乏行动，再出众的才华、再强大的力量也无法报答父母对我们的养育之恩。

老一辈无产阶级革命家陈毅一生十分尊敬父母。投身革命后，虽然长年远离家乡，但他总是千方百计给家里捎信，让父母知道自己的近况，向父母请安问好，并向他们讲述革命的道理。全国解放后，父母没同陈毅一起居住。陈毅除每月给父母寄足够的生活费外，仍在百忙中亲笔给父母写信，聊叙家事，宽慰老人。

1962 年，陈毅已 62 岁，身任国务院副总理、外交部长等要职。这年春天，他工作途经成都。当时，他母亲年过八旬，重病在身，住在成都弟弟家中。当天下午，他就与妻子张茜前去看望。由于老人病重，有时小便失禁。陈毅刚到母亲房中，恰遇母亲换下一条尿裤。母亲担心让儿子见到污浊之物，便不停挥手，使眼色，要身边一位侍候她的保姆把尿裤藏起来。保姆慌忙中将裤子扔到了床下。

陈毅拉住母亲的手问道：“娘，您把啥子东西扔到床下了？”

母亲连连摇头说：“没啥子，不关你的事。快坐下，给娘谈点别的吧！”保姆也连连摇头说：“没，没啥呀！”

陈毅笑了笑，对母亲说：“娘，您怎么对我也保起密来了？”说着，弯下身去，要看个究竟。母亲见瞒不住儿子，只好将事情的缘由说了。

陈毅听罢，非常感慨地说：“娘！您久病在身，我没能在您身边侍候，心里有说不出的难受。这裤子应该马上拿去洗了，还藏着干什么？”

说着，他一手拿过裤子，并对保姆说：“我母亲的病如此严重，平时不知给你们添了多少麻烦！今天，就让我去洗吧！”保姆怎么也不让，母亲也赶紧拦阻。陈毅诚恳地说："娘，我不是说着玩的，您就允了吧。我小时候您不知给我洗过多少尿裤屎裤啊，儿子怎么做，也难报答养育之恩。"接着，他对妻子张茜笑道："我们家乡有句俗话，'婆媳亲，全家和'。你这个长年不能照顾婆婆的媳妇，也该尽点孝道。今天我们俩一起来洗这条裤子好不好？"

孝敬父母重在行动，在这一生中父母为我们付出的实在是太多了，然而我们又为父母做了多少呢？我们平时要多花点时间帮父母洗洗餐具，做点家务事，用实际行动报答父母的养育之恩。

六、学会多关爱家人

作为新时代的青少年，应当懂得体贴和关爱自己的家人，应当学会照顾家中的老人，帮自己的父母分担一些家务。

著名的地质学家李四光小的时候，不仅勤奋好学，而且还特别孝顺，总想着为父母分担忧愁。所以，在他还上小学的时候，他就知道帮助父母干家务活了。

有一天，李四光刚从私塾里放学回来，就看见母亲正用石杵费力地舂米，他立即放下书包，跑过去帮母亲干活。因为石杵特别沉，所以李四光才干了一小会儿，鼻尖上就沁出了汗珠。母亲看见了，心疼地说："好孩子，你上学已经很辛苦了，应该休息一下了，这些重活还是让娘来做吧！"谁知李四光非常执拗，他理直气壮地说："我要帮娘干活，我不累！真的，我现在一点都不累！"于是，他一直努力坚持着，直到把米舂完，他才停下来休息。

除了帮父母舂米外，李四光还想出了很多的办法帮助父母减轻生活的压力。每年夏天，只要是到了收麦子的季节，李四光就会约上几个小伙伴，到别人家收过麦子的田地里捡别人落下的麦穗。虽然捡到的麦穗不多，但是父母看到他这么懂事，已经非常欣慰了。

看到家里没有柴烧了，李四光就约上自己最要好的小伙伴，带着斧子和绳子，到大山里去砍柴。有一次，李四光又和小伙伴们一起上山砍柴，由于山路很陡，路面也非常滑，李四光一不留神摔了一跤，膝盖都被磕破了，鲜血直流，别的小伙伴劝他不要再上山了，可是他不同意，还是坚持着上山砍柴。

傍晚，李四光和小伙伴们每人都背着一大捆柴禾回家了。母亲也早早地站在村口迎接儿子。看见李四光一瘸一拐地回来了，母亲赶紧迎了上去。看着他膝盖上的伤口，母亲不由得流下眼泪来，她说："孩子，以后咱不去了，娘再也不让你上山砍柴了……"

谁知李四光却非常懂事地说："娘，我一点儿都不疼，真的！再说，只要是我累一点，娘就可以多歇一会儿呀！"

李四光不仅是一个知道为家分担忧愁的好孩子，在学校里也努力学习，取得了优秀的成绩。长大之后，李四光成为一名优秀的地质工作者，经过10多年的野外考察，他彻底否定了外国权威专家所做出的"中国贫油论"的观点，为我国的石油事业作出了卓越的贡献。

要想养成孝敬父母、关爱家人的好习惯，就从下面的事情开始做起吧。习惯不是一天两天养成的，持之以恒，才有效果。

（1）当父母询问你在校情况时，要耐心回答，听从父母的正确教导，而不是心不在焉或敷衍了事。

（2）当提出的要求得不到满足时，要体谅、理解父母的难处，而不是发脾气或生闷气。

（3）当父母生病时，要关心体贴父母，做好自己力所能及的事情，而不是对父母不闻不问。

（4）当做错事被父母批评时，要虚心接受，并及时改正错误，而不是与父母争辩，强说自己有理。

（5）当被父母误解时，要与父母进行良好的沟通，消除他们对你的误解，而不是埋怨争执致使误会更深。

（6）当你因事情耽误需要晚回家时，记得打电话给父母，让他们别为你担心。

（7）当你庆祝自己的生日时，不要忘了是父母给了你生命，记得真诚地对他们说一声——爸妈，我爱你们！

（8）记得爸妈的生日，不需要昂贵的生日礼物，一个深情的拥抱，就是给他们最好的祝福。

（9）记得闲暇时间多陪父母聊聊天，而不是在网络游戏或电视剧里流连忘返。

（10）如果有时间，帮妈妈刷刷筷子洗洗碗，帮爸爸捶捶后背揉揉肩。爱，很多时候就是一些容易被我们忽略的小事。

第三节　社会责任

我们的生存依赖于社会，自然，我们对这个社会就必须具有责任感。这是做人的最基本的道德。没有社会责任感的人，就如同对父母没有孝顺品德的人一样，是一个流离于社会之外的另类人物。

社会责任感，可以从两个方面来进行分析。首先，组成社会的基本要素是每一个自然人。正是一个个人，构建了复杂的人类社会。从这个意义上讲，人的素质如何，也就决定了社会发展的水平如何。这如同学生成绩如何，也就决定了这个学校的教育水平如何一般。其次，人人都是文明的人，社会自然也就是文明的社会了。而绝大多数人如果是野蛮的，那么，这个社会也就不可能是文明的社会了。如果你来到一个原始部落，就会见到那些未曾开化的人，而绝对不可能遇到现代文明社会中充满知识和智慧的人。如果你进入一个现代文明的国度，所见所闻，自然是被现代文化熏陶的文明人，而再不可能遇到赤身裸体的野蛮人。人们是什么样的，社会也就是什么样的。一个人到了国外，彬彬有礼，人家就会说，中国毕竟是文明古国呀。如果你一点修养也没有，公共场所大吵大闹，人家当然要议论这个东方民族的落后了。个人和这个民族，和这个国家，就是这样紧密地联系在一起。

因此，为了使我们的社会更加文明和美好，我们每一个人都必须从自己做起，努力学习，不断提高文化素养和道德水平，不愧为文明时代的文明人。要为自己的无知给社会文明发展带来牵制，而感到羞愧。至于道德沦落，行为猥琐，则绝对是一种罪过了。唯有如此，才能提升民族精神，才能使国家振兴和民族崛起的目标，成为现实。否则，如果大家都缺少这个社会责任感，贪图安逸享受，不思进取，也就不可能有文化上的作为和发展，社会的进步也将永远是一句空话了。

所以，依赖于社会生存的人，不能不为建设好自己的社会而努力学习和工作。唯有如此，社会才能进步发展，从而个人的生活才能更加幸福。塞缪尔·斯迈尔斯说得好："人们并不仅仅是只为自己而生存。除了为自己的幸福而生存以外，他也为别人的幸福而生存。每个人都有自己需要履行的职责。"他还说："最有价值的生活却绝对不是那种只追求自我享乐的生活，甚至也不是那种沽名钓誉的生活，而是那种在每一项美好的事业中都扎扎实实、兢兢业业地做一些给社会带来希望和益处之工作的生活。"

第八章　新型职业农民的政策与法规

第一节　农业法规

农业法规是指由国家权力机关、国家行政机关以及地方机关制定和颁布的，适用于农业生产经营活动领域的法律、行政法规、地方法规以及政府规章等规范性文件的总称。

目前，我国的农业法规体系已经基本形成，可以分为以下几个方面。

一、农业基本法规

主要指《中华人民共和国农业法》（以下简称《农业法》）。

第八届全国人大常委会第二次会议通过了《农业法》，以法律的形式，把党的十一届三中全会以来关于农业发展的一系列行之有效的大政方针进一步规范化、法律化。这是中国农业发展史上第一部农业大法。第九届全国人大常委会第三十一次会议对《农业法》重新进行修订，农业法修改制定，体现了“确保基础地位，增加农民收入”的总体精神，对保障农业在国民经济中的基础地位，发展农村社会主义市场经济，维护农业生产经营组织和农业劳动者的合法权益，促进农业的持续、稳定、协调发展，实现农业现代化，起到了重要的作用。

二、农业资源和环境保护法

包括《中华人民共和国土地管理法》《中华人民共和国森林法》《中华人民共和国草原法》《中华人民共和国渔业法》《中华人民共和国水法》《中华人民共和国水土保持法》《中华人民共和国水污染防治法》《中华人民共和国野生动物保护法》《中华人民共和国防沙治沙法》等法律，以及《基本农田保护条例》《草原防火条例》《中华人民共和国水产资源繁殖保护条例》《中华人民共和国野生植物保护条例》《森林采伐更新管理办法》《野生药材资源保护管理条例》《森林防火条例》《森林病虫害防治条例》《中华人民共和国陆生野生动物保护实施条例》等行政法规。

三、促使农业科研成果和实用技术转化的法律

包括《中华人民共和国农业技术推广法》《中华人民共和国植物新品种保护条例》《中华人民共和国促进科技成果转化法》等法律及行政法规。

四、保障农业生产安全方面的法律

包括《中华人民共和国防洪法》《中华人民共和国气象法》《中华人民共和国动物防疫法》《中华人民共和国进出境动植物检疫法》等法律，以及《农业转基因生物安全管理条例》《水库大坝安全管理条例》《中华人民共和国防汛条例》《蓄滞洪区运用补偿暂行办法》等行政法规。

五、保护和合理利用种质资源方面的法律

包括《中华人民共和国种子法》《种畜禽管理条例》《农药管理条例》《兽药管理条例》《饲料和饲料添加剂管理条

例》等。

六、规范农业生产经营方面的法律

包括《中华人民共和国农村土地承包法》《中华人民共和国乡镇企业法》《中华人民共和国乡村集体所有制企业条例》《中华人民共和国农民专业合作社法》等。

七、规范农产品流通和市场交易方面的法律

包括《粮食收购条例》《棉花质量监督管理条例》《粮食购销违法行为处罚办法》等行政法规。

八、保护农民合法权益的法律

为保护农民合法权益制定了《中华人民共和国村民委员会组织法》《中华人民共和国耕地占用税暂行条例》。

第二节　农业政策与农业法规的关系

农业政策和农业法规是国家稳定和管理农业经济发展的两种基本手段。

法律和政策是国家调整、管理社会的两种基本手段，二者各有所长，各有所短。农业的发展必须综合运用多种手段进行调控，中外农业的发展历史表明，适应农业生产力发展要求的政策对农业的发展具有决定性作用，而政策的有效实施，需要运用法制手段和法律形式来保证，否则难以产生应有的效果。

一、农业政策与农业法规的联系

1. 农业政策与农业法规在本质上是一致的

政策与法规有共同的价值取向，它们都服务于社会主义的

经济基础，都必须由社会的物质生活条件所决定；它们都是社会主流意志和要求；在我国，它们体现的是广大人民群众的意志和要求。它们所追求的社会目的相同，基本内容一致。

2. 政策是法规的核心内容，法规是政策的体现

农业法规是在党和国家关于农业政策的指导下制定的，体现党和国家关于农业政策的主要精神和内容。法规使政策的原则性规定具体化、条文化、定型化，为政策提供法律机制的支持，保证政策的国家意志性质。例如我国《农业法》是以《中共中央关于进一步加快农业和农村工作的决定》和党的十四大通过的有关文件为指导，充分肯定15年来农村改革的成功经验和基本政策的基础上制定的，在《农业法》总则和各章条款中充分体现着农业政策的内容。

3. 法规对政策的实施有积极的促进和保障作用

法律的特性决定了它具有其他规范难以比拟的制约、导向、预见、调节和保障功能。因此充分利用法律的这些功能，把经过实践检验的有益的农业政策上升为法律，使它们的实施能得到党的纪律和国家强制力的双层保障，从而得到更好的贯彻。

二、农业政策与农业法规的区别

1. 制定的组织与程序不同

农业法规只能由具有立法权的国家机关依据法定程序来制定，体现的是国家和广大人民的意志，而农业政策是由党的领导机关和国家相关机构根据民主集中制原则制定的。

2. 实施的方式不同

法律是由国家强制力来保证实施的，不遵守、不执行或执行不当就是违法，就要负法律责任，受到法律制裁。而政策主

要靠党或者政府行政的纪律、模范人物的带头作用和人民群众的信赖来实现。政策约束力不如法律，政策执行与否、执行好坏，通常很难有进行判断的量化指标和追究责任的标准。

3. 表现方式不同

政策主要以党或国家的决议、决定、通知、规定、意见等党内文件等形式表现出来。法则是表现为宪法、法律、行政法规等形式。政策往往规定得比较原则，带有号召性和指导性，较少有具体、明确的权利和义务规定。法主要由规则构成，具有高度的明确性、具体性，有严格的逻辑结构。法律必须是公开的，而政策不完全是公开的。

4. 农业政策具有灵活性，农业法规具有相对稳定性

农业政策往往是为完成一定任务提出的，它要随形势的变化不断做出调整，在制定和实施中都具有较大的灵活性、较快的变动性。而法律具有较高的稳定性，法律的立、废、改必须遵循严格的法定程序，法律的变动不可能像政策那样频繁，这是法律具有较高权威性的程序性保证。

三、农业政策与农业法规的辩证统一

1. 理论上要提高认识

两者都是国家调控和管理农业的重要工具和手段，相辅相成。但是由于农业政策与农业法规的特点不同，作用不同，不能互相替代。政策与法规是在功能上互补的两种社会调整方式，既要依靠政策，也要依靠法律。依靠政策指导法律、法规的正确制定和实施，依靠法律、法规保证政策稳定和有效实施。

2. 正确处理两者的关系

政党行为的法律化是依法治国的必然要求，政党应在宪法

和法律范围内进行执政，这意味着制定政策不能违背宪法和法律。因此，在实践中，需要坚持：有法律规定的，应依法办事和执行；无法律规定、但有政策规定的，应依政策办事和执行；政策与法律有冲突的，应依法办事和执行。如果发现法律法规不符合当前实际情况，应当及时修改、补充、完善。一般情况下，先由中央出台纲领性政策文件，再以该政策文件来决定原法律法规的废除或修改完善，来指导新法律法规的正确制定和实施。

第三节　农村惠农政策

一、粮食直补政策

粮食直补，全称为粮食直接补贴，是为进一步促进粮食生产、保护粮食综合生产能力、调动农民种粮积极性和增加农民收入，国家财政按一定的补贴标准和粮食实际种植面积，对农户直接给予的补贴。并逐步加大对种粮农民直接补贴力度，粮食直补资金达151亿元，将粮食直补与粮食播种面积、产量和交售商品粮数量挂钩。取消以前种多少报多少补多少的原则。各省根据中央粮食直补精神，针对当地实际情况，制定具体实施办法。

（一）补贴原则

坚持粮食直补向产粮大县、产粮大户倾斜的原则，省级政府依据当地粮食生产的实际情况，对种粮农民给予直接补贴。

（二）补贴范围与对象

粮食主产省、自治区必须在全省范围内实行对种粮农民（包括主产粮食的国有农场的种粮职工）直接补贴；其他省、自治区、直辖市也要比照粮食主产省、自治区的做法，对粮食主产县（市）的种粮农民（包括主产粮食的国有农场的种粮职工）实行直接补贴，具体实施范围由省级人民政府根据当地实际情况自行决定。

（三）补贴方式

对种粮农户的补贴方式，粮食主产省、自治区（指河北、内蒙古、辽宁、吉林、黑龙江、江苏、安徽、江西、山东、河南、湖北、湖南、四川，下同）原则上按种粮农户的实际种植面积补贴；如采取其他补贴方式，也要剔除不种粮因素，尽可能做到与种植面积接近。其他省、自治区、直辖市要结合当地实际，选择切实可行的补贴方式。具体补贴方式由省级人民政府根据当地实际情况确定。

（四）兑付方式

粮食直补资金的兑付方式，尽快实行“一卡通”或“一折通”的方式，向农户发放储蓄卡或储蓄存折。当年的粮食直补资金尽可能在播种后 3 个月内一次性全部兑付到农户，最迟要在 9 月底之前基本兑付完毕。

（五）监管措施

（1）粮食直补资金实行专户管理。直补资金通过省、市、县（市）级财政部门在同级农业发展银行开设的粮食风险基金专户进行管理。各级财政部门要在粮食风险基金专户下单设粮食直补资金专账，对直补资金进行单独核算。县以下没有农业发展银行的，有关部门要在农村信用社等金融机构开设粮食直补资金专户。要确保粮食直补资金专户管理、封闭运行。

（2）粮食直补资金的兑付，要做到公开、公平、公正。每个农户的补贴面积、补贴标准、补贴金额都要张榜公布，接受群众的监督。

（3）粮食直补的有关资料，要分类归档，严格管理。

（4）坚持粮食省长负责制，积极稳妥地推进粮食直补工作。

二、农资综合补贴政策

农资综合补贴是指政府对农民购买农业生产资料（包括化肥、柴油、种子、农机）实行的一种直接补贴制度。在综合考虑了影响农民种粮成本、收益等变化因素后，通过农资综合补贴及各种补贴，来保证农民种粮收益的相对稳定，促进国家粮食安全。

建立和完善农资综合补贴动态调整制度，应根据化肥、柴油等农资价格变动，遵循“价补统筹、动态调整、只增不减”的原则，及时安排农资综合补贴资金，合理弥补种粮农民增加的农业生产资料成本。根据农资综合补贴动态调整机制要求，经国务院同意，中央财政为应对农资价格上涨而预留的新增农资综合补贴资金，不直接兑付到种粮农户，集中用于粮食基础能力建设，以加快改善农业生产条件，促进粮食生产稳步发展和农民持续增收。中央财政共安排农资综合补贴860亿元，新增部分重点支持种粮大户。中央财政已将98%的资金预拨到地方，力争在春耕前通过“一卡通”或“一折通”直接兑付到农民手中。

（一）补贴原则

应根据化肥、柴油等农资价格变动，遵循“价补统筹、动态调整、只增不减”的原则，及时安排农资综合补贴资金，合理弥补种粮农民增加的农业生产资料成本。

（二）补贴重点

新增部分重点支持种粮大户。

（三）新增补贴资金的分配和使用

（1）中央财政对各省（区、市）按因素法测算分配新增补贴资金。分配因素以各省（区、市）粮食播种面积、产量、商品等粮食生产方面的因素为主，体现对粮食主产区的支持，同时考虑财力状况，给中西部地区适当照顾。

（2）中央财政分配到省（区、市）的新增补贴资金由各省级人民政府包干使用。省级人民政府要根据中央补助额度，统筹本省财力，科学规划。坚决防止出现项目过多、规划过大、资金不足而影响实施效果等问题。

（3）省级人民政府要统筹集中使用补助资金，支持事项的选择权和资金分配权不得层层下放，以防止扩大使用范围、资金安排“撒胡椒面”等问题的发生，确保资金使用安全、高效。

（四）兑付方式

农资综合补贴资金的兑付，尽快实行“一卡通”或“一折通”的方式，向农户发放储蓄卡或储蓄存折。

（五）监管措施

（1）农资综合补贴资金类似粮食直补资金，实行专户管理。补贴资金通过省、市、县（市）级财政部门在同级农业发展银行开设的粮食风险基金专户进行管理。各级财政部门要在粮食风险基金专户下单设农资综合补贴资金专账，对补贴资金进行单独核算。县以下没有农业发展银行的，有关部门要在农村信用社等金融机构开设农资综合补贴资金专户。要确保农资综合补贴资金专户管理、封闭运行。

（2）农资综合补贴资金的兑付，要做到公开、公平、公正。每个农户的补贴面积、补贴标准、补贴金额都要张榜公布，接受群众的监督。

（3）农资综合补贴的有关资料，要分类归档，严格管理。

（4）坚持农资综合补贴省长负责制，积极稳妥地推进工作。

三、农作物良种补贴政策

所谓农作物良种补贴，就是指对一地区优势区域内种植主要优质粮食作物的农户，根据品种给予一定的资金补贴，目的是支持农民积极使用优良作物种子，提高良种覆盖率，增加主要农产品特别是粮食的产量，改善产品品质，推进农业区域化布局。

（一）补贴范围

水稻、小麦、玉米、棉花良种补贴在全国31个省（区、市）实行全覆盖。

大豆良种补贴在辽宁、黑龙江、吉林、内蒙古自治区4个省（区）实行全覆盖。

油菜良种补贴在江苏、浙江、安徽、江西、湖北、湖南、重庆、贵州、四川、云南及河南信阳、陕西汉中和安康地区实行冬油菜全覆盖。

青稞良种补贴在四川、云南、西藏自治区、甘肃、青海等省（区）的藏区实行全覆盖。

（二）补贴对象

在生产中使用农作物良种的农民（含农场职工）给予补贴。

（三）补贴标准

小麦、玉米、大豆、油菜和青稞每亩补贴10元，其中，新疆维吾尔自治区地区的小麦良种补贴提高到15元。早稻补贴标准提高到15元，与中晚稻和棉花持平。

（四）补贴方式

水稻、玉米、油菜采取现金直接补贴方式，小麦、大豆、棉花可采取统一招标、差价购种补贴方式，也可现金直接补贴，具体由各省根据实际情况确定；继续实行马铃薯原种生产补贴，在藏区实施青稞良种补贴，在部分花生产区继续实施花生良种补贴。

四、推进农作物病虫害专业化统防统治政策

大力推进农作物病虫害专业化统防统治，既能解决农民一家一户防病治虫难的问题，又能显著提高病虫防治效果、效率和效益，是保障农业生产安全、农产品质量安全、农业生态环境安全的有效措施。

（一）补贴对象

承担实施病虫统防统治工作的2 000个专业化防治组织。

（二）补贴标准

平均每个防治组织补助标准为25万元。接受补助的防治组织应具备3个基本条件：一是在工商或民政部门注册并在县级农业行政部门备案；二是具备日作业能力在1 000亩以上的技术、人员和设备等条件；三是承包防治面积达到一定规模，具体为南方中晚稻1万亩以上，小麦、早稻或北方一季稻面积2万亩以上，玉米3万亩以上。

（三）补贴资金用途

补贴资金主要用于购置防治药剂、田间作业防护用品、机械维护用品和病虫害调查工具等方面，提升防治组织的科学防控水平和综合服务能力。

（四）实施范围

全国29个省（区、市）小麦、水稻、玉米三大粮食作物主产区800个县（场）和迁飞性、流行性重大病虫源头区200个县的专业化统防统治。

（五）补贴程序

需要补助的防治服务组织，需先向县级农业行政主管部门提出书面申请，经确认资格并核实能承担的防治任务后可享受补贴。

五、增加产粮大县奖励政策

为改善和增强产粮大县财力状况，调动地方政府重农抓粮的积极性，2005 年中央财政出台了产粮大县奖励政策。政策实施以来，中央财政一方面逐年加大奖励力度，另一方面不断完善奖励机制。

（一）奖励依据

中央财政依据粮食商品量、产量、播种面积各占 50%、25%、25%的权重，测算奖励资金。

（二）奖励对象

对粮食产量或商品量分别位于全国前 100 位的超级大县，中央财政予以重点奖励；超级产粮大县实行粮食生产“谁滑坡、谁退出，谁增产、谁进入”的动态调整制度。

自 2008 年起，在产粮大县奖励政策框架内，增加了产油大县奖励，每年安排资金 25 亿元，由省级人民政府按照“突出重点品种、奖励重点县（市）”的原则确定奖励条件，全国共有 900 多个县受益。

（三）奖励机制

为更好地发挥奖励资金促进粮食生产和流通的作用，中央财政建立了“存量与增量结合、激励与约束并重”的奖励机制，要求以后新增资金全部用于促进粮油安全方面开支，以前存量部分可继续作为财力性转移支付，由县财政统筹使用，但在地方财力困难有较大缓解后，也要逐步调整用于支持粮食安全方面的开支。

（四）兑付办法

结合地区财力因素，将奖励资金直接“测算到县、拨付到县”。

（五）重点规定

奖励资金不得违规购买、更新小汽车，不得新建办公楼、培训中心，不得搞劳民伤财、不切实际的“形象工程”。

六、支持优势农产品生产和特色农业发展政策

加快推进优势农产品区域布局，大力发展特色农业，是发展现代农业的客观要求，是保障农产品有效供给的重要举措，是增强农产品竞争力、促进农民持续增收的有效手段。围绕贯彻落实连续中央一号文件精神，农业部加快实施优势农产品区域布局规划，深入推进粮棉油糖高产创建，支持特色农业发展。

（一）加快实施优势农产品区域布局规划

按照新一轮《优势农产品区域布局规划》的要求，突出粮食优势区建设，重点抓好优质棉花、糖料、优质苹果等基地建设，积极扶持奶牛、肉牛、肉羊、猪等优势畜产品良种繁育，支持优势水产品出口创汇基地的良种、病害防控等基础设施建设，建成一批优势农产品产业带，培育一批在国内外市场有较强竞争力的农产品，建立一批规模较大、市场相对稳定的优势农产品出口基地，培育一批国内外公认的农产品知名品牌。

（二）加快开展粮棉油糖高产创建

高产创建是农业部实施的一项稳定发展粮棉油糖生产的重要举措，其关键是集成技术、集约项目、集中力量，促进良种

良法配套，挖掘单产潜力，带动大面积平衡增产。这项工作启动以来涌现出一批万亩高产典型，为实现粮食连年增产和农业持续稳定发展发挥了重要作用，实现了由专家产量向农民产量的转变、由单项技术向集成技术的转变、由单纯技术推广向生产方式变革的转变。

（1）高产创建范围。粮食高产创建，将选择基础条件好、增产潜力大的50个县（市）、500个乡（镇），开展整乡整县整建制推进粮食高产创建试点。

（2）高产创建推进。要以行政村、乡或县的行政区域为实施范围，以行政部门的协作推进为动力，把万亩示范片的技术摸式、组织方式、工作机制，由片到面、由村到乡、由乡到县，覆盖更大范围，实现更高产量。各地要因地制宜，可先实行整村推进，逐步整乡推进，有条件的地方积极探索整县推进。尤其是《全国新增1 000亿斤粮食生产能力规划（2009-2020年）》中的800个产粮大县（场）也要整合资源，积极推进整乡整县高产创建。

（3）高产创建方式。深入推进高产创建需要科研与推广结合，推动高产优质品种的选育应用、推动高产技术的普及推广、推动科研成果的转化应用。规模化经营和专业化服务结合，引导耕地向种粮大户集中，推进集约化经营。大力发展专业合作社，大力开展专业化服务，探索社会化服务的新模式。

（三）培育壮大特色产业

组织实施《特色农产品区域布局规划》，发挥地方优势资源，引导特色产业健康发展。推进一村一品，强村富民工程和专业示范村镇建设。农业部已建立了发展一村一品联席会议制度，中央财政设立了支持一村一品发展的财政专项资金，重点抓一批一村一品示范村，并认定一批发展一村一品的专业村和专业乡镇，示范带动一村一品发展。

第四节 农业保险政策

政策性农业保险是由政府主导、组织和推动，由财政给予保费补贴或政策扶持，按商业保险规则运作，以支农、惠农和保障“三农”为目的的一种农业保险。政策性农业保险的标的划分为：种植面积广、关系国计民生、对农业和农村经济社会发展有重要意义的农作物，包括水稻、小麦、油菜。为促进生猪产业稳定发展，对有繁殖能力的母猪也建立了重大病害、自然灾害、意外事故等商业保险，财政给予一定比例的保费补贴。政策性农业保险险种主要包括以下几种。

一、农作物保险

发生较为频繁和易造成较大损失的灾害风险，如水灾、风灾、雹灾、旱灾、冻灾、雨灾等自然灾害以及流行性、暴发型病虫害和动植物疫情等。对于水稻、小麦、油菜等主要参保品种，各级财政保费补贴60%，农户缴纳40%。

二、能繁育母猪保险

政府为了解决饲养户的后顾之忧，提高饲养户的养猪积极性，平抑目前市场的猪肉价格，进一步降低养殖能繁母猪的风险，政府对能繁母猪实行政策性保险制度，出台了“母猪保险”。能繁母猪保险责任为重大病害、自然灾害和意外事故所引致的能繁母猪直接死亡。因人为管理不善、故意和过失行为以及违反防疫规定或发病后不及时治疗所造成的能繁母猪死亡，不享受保额赔付。能繁母猪保险保费由财政补贴80%，饲养者承担20%，即每头能繁母猪保额（赔偿金额）1 000元，保费60元，其中各级财政补贴48元，饲养者承担 12 元。

三、农业创业者参加政策性农业保险的好处

一是可以享受国家财政的保险费补贴；二是发生保险责任内的自然灾害或意外事故，能够迅速得到补偿，可以尽快恢复再生产；三是可以优先享受到小额信贷支持；四是能够从政府有关方面得到防灾防损指导和丰产丰收信息。

第五节　农业金融扶持政策

为加快发展高效外向农业，提高农业产业化水平，促进农业增效、农民增收，鼓励和吸引多元化资本投资开发农业，鼓励投资者兴办农业龙头企业，鼓励科研、教学、推广单位到项目县基地实施重大技术推广项目，国家或有关部门对这些项目下拨专门指定用途或特殊用途的专项资金予以补助。这些专项资金都会要求进行单独核算，专款专用，不能挪作他用。补助的专项资金视项目承担的主体情况，分别采取直接补贴、定额补助、贷款贴息以及奖励等多种扶持方式。

一、专项资金补助类型

高效设施农业专项资金，重点补助新建、扩建高效农产品规模基地设施建设。

农业产业化龙头企业发展专项资金，重点补助农业产业化龙头企业及产业化扶贫龙头企业，对于扩大基地规模、实施技术改造、提高加工能力和水平给予适当奖励。

外向型农业专项资金，重点补助新建、扩建出口农产品基地建设及出口农产品品牌培育。

农业三项工程资金，包括农产品流通、农产品品牌和农业

产业化工程的扶持资金，重点是基因库建设。

农产品质量建设资金，重点补助新认定的无公害农产品产地、全程质量控制项目及无公害农产品、绿色、有机食品获证奖励。

农民专业合作组织发展资金，重点补助“四有”农民专业合作经济组织，即依据有关规定注册，具有符合“民办、民管、民享”原则的农民合作组织章程；有比较规范的财务管理制度，符合民主管理决策等规范要求；有比较健全的服务网络，能有效地为合作组织成员提供农业专业服务；合作组织成员原则上不少于100户，同时具有一定产业基础。鼓励他们扩大生产规模、提高农产品初加工能力等。

海洋渔业开发资金，重点补助特色高效海洋渔业开发。

丘陵山区农业开发资金，重点补助丘陵地区农业结构调整和基础设施建设。

二、补助对象、政策及标准

按照“谁投资、谁建设、谁服务，财政资金就补助谁”的原则，江苏省省级高效外向农业项目资金的补助对象主要为：种养业大户、农业产业化重点龙头企业、农产品加工流通企业、农产品出口企业、农民专业合作经济组织和农产品行业协会等市场主体，以及农业科研、教学和推广单位。为了推动养猪业的规模化产业化发展，中央财政对于养殖大户实施投资专项补助政策。

年出栏300~499头的养殖场，每个场中央补助投资10万元。

年出栏500~999头的养殖场，每个场中央补助投资25万元。

年出栏1 000~1 999头的养殖场，每个场中央补助投资50

万元。

年出栏 2 000~2 999 头的养殖场，每个场中央补助投资 70 万元。

年出栏 3 000 头以上的养殖场，每个场中央补助投资 80 万元。

为加快转变畜禽养殖方式，还对规模养殖实行“以奖代补”，落实规模养殖用地政策，继续实行对畜禽养殖业的各项补贴政策。

三、财政贴息政策

财政贴息是政府提供的一种较为隐蔽的补贴形式，即政府代企业支付部分或全部贷款利息，其实质是向企业成本价格提供补贴。财政贴息是政府为支持特定领域或区域发展，根据国家宏观经济形势和政策目标，对承贷企业的银行贷款利息给予的补贴。政府将加快农村信用担保体系建设，以财政贴息政策等相关方式，解决种养业“贷款难”问题。为鼓励项目建设，政府在财政资金安排方面给予倾斜和大力扶持。农业财政贴息主要有两种方式：一是财政将贴息资金直接拨付给受益农业企业；二是财政将贴息资金拨付给贷款银行，由贷款银行以政策性优惠利率向农业企业提供贷款。为实施农业产业化提升行动，对于成长性好、带动力强的龙头企业给予财政贴息，支持龙头企业跨区域经营，促进优势产业集群发展。中央和地方财政增加农业产业化专项资金，支持龙头企业开展技术研发、节能减排和基地建设等。同时探索采取建立担保基金、担保公司等方式，解决龙头企业融资难问题。此外，为配合各种补贴政策的实施，各个省和市同时出台了较多的惠农政策。

四、小额贷款政策

为促进农业发展，帮助农民致富，金融部门把扶持“高产、优质、高效”农业、帮助农民增收项目作为重点，加大小额贷款支农力度。明确要求基层信用社必须把65%的新增贷款用于支持农业生产，支持面不低于农村总户数的25%，还对涉及小额信贷的致富项目，在原有贷款利率的基础上，下浮30%的贷款利率。

五、土地流转资金扶持政策

为加快构建强化农业基础的长效机制，引导农业生产要素资源合理配置，推动国民收入分配切实向“三农”倾斜，鼓励和引导农村土地承包经营权集中连片流转，促进土地适度规模经营，增加农民收入，中央财政设立安排专项资金扶持农村土地流转，用于扶持具有一定规模的、合法有序的农村土地流转，以探索土地流转的有效机制，积极发展农业适度规模经营。

第六节　农业税收优惠政策

对于独立的农村生产经营组织，可以享受国家现有的支持农业发展的税收优惠政策。《中华人民共和国农民专业合作社法》第五十二条规定，农民专业合作社享受国家规定的对农业生产、加工、流通、服务和其他涉农经济活动相应的税收优惠。支持农民专业合作社发展的其他税收优惠政策，由国务院规定。

第十一次全国人民代表大会指出：“全部取消了农业税、牧业税和特产税，每年减轻农民负担1 335亿元。同时，建立农业补贴制度，对农民实行粮食直补、良种补贴、农机具购置补贴和农业生产资料综合补贴，对产粮大县和财政困难县乡实行奖励补助。”“这些措施，极大地调动了农民积极性，有力地推动了社会主义新农村建设，农村发生了历史性变化，亿万农民由衷地感到高兴。农业的发展，为整个经济社会的稳定和发展发挥了重要作用。”

第九章　新型职业农民基层民主法制建设

第一节　农村基层民主与村民自治

一、农村基层民主概述

农村基层民主法制建设，是在党的领导下亿万农民依照法律和规章制度管理基层公共事务和公益事业的生动实践，是实施依法治国方略的基础工程，是社会主义政治文明建设的重要组成部分。党和国家历来十分重视农村基层民主法制建设。改革开放，特别是党的十三届四中全会以来，农村基层民主法制建设有了长足发展，取得了显著成效。

二、加强农村基层民主建设的措施

尽管我国农村的基层民主建设取得了很大的成就，但是在建设社会主义新农村的背景下，对我国农村基层民主法制建设提出了新的更高的要求。进一步加强农村基层民主法制建设，对于全面贯彻落实“三个代表”重要思想，实现和维护农民群众的根本利益，推进我国民主政治建设进程，建设社会主义政治文明，维护社会稳定，都具有十分重要的意义。

（一）扩大农村基层民主，全面推进农村民主政治建设

农村民主政治建设工作的要求是：健全民主选举制度，规范民主决策程序，完善民主管理机制，强化民主监督力度。村党组织、村委会、村经济合作社等基层组织都要按照这个要求，加强自身建设，明确职责，理顺关系，保证农民群众直接行使权利，依法管理自己的事情，真正让群众当家做主。

（二）积极开展“民主法治村”建设，全面推进依法治村

（1）坚持以点带面，整体提高创建水平。重点培育各地区“民主法治示范村”，同时，通过这些村的典型示范，辐射带动周边各村，形成循序渐进、稳步发展的良好态势。

（2）把握重点环节，进一步提高民主化程度。民主法治示范村创建工作面广、量大，涉及村务工作的方方面面，在创建活动中，必须紧紧围绕民主选举、民主决策、民主管理、民主监督等重点环节，抓好村级各项制度的制定、完善和落实，真正做到依法建制、依制治村，切实保证村民的民主权利，确保村级各项工作管理规范、运作有序。要坚持统筹兼顾，把“民主法治示范村”创建活动与农村其他创建活动有机结合起来，最大限度地维护人民群众的根本利益。

（3）加强对农民的教育引导，形成广泛参与的创建格局。一要更新观念，促使农村普法教育呈现新特色。农村普法教育，不能眉毛胡子一把抓，要坚持以人为本的科学发展观，农民渴望什么，就送给什么，最需要什么，就宣传什么，重点宣传与农民生产生活密切相关的法律法规，把服务农民、切实维护农民的根本利益作为新农村普法教育的出发点和落脚点。二要整合资源，促使农村普法教育得到新发展。要整合职能资源，强化并规范基层涉农部门工作职能，充分发挥人民调解、法律服务、安置帮教、行政执法、司法公正等法制宣传教育功能，提高普法教育的社会效益。要整合人才资源，组建由人民调解员、司法助理员、法律服务工作者、行政执法人员、法官、警官和检察官组成的“普法讲师团”，开展经常性的“送法下乡”活动，变“法律下乡”为“法律驻乡”。要整合阵地资源，充分发挥法制学校、法律图书室、电视广播、墙报标语等积极作用，把法治文化和法律知识送给农民。三要创新载体，促使新农村普法教育新成效。要创新宣传形式，选择农民最喜爱、最易接受的宣传方式，寓教于乐。

三、村民自治与农村基层民主

村民自治，是指村民通过村民自治组织依法办理与村民利益相关的村内事务，实现村民的自我管理、自我教育和自我服务，从而实行民主选举、民主决策、民主管理、民主监督的一项基本社会政治制度。依法实行村民自治，是发展农村民主政治的需要，是农民当家做主的有效形式。依法实行村民自治，对于理顺群众情绪、处理人民内部矛盾、规范村务管理、密切干群关系、调动农民积极性等方面具有不可替代的作用，是解决农村社会问题、化解人民内部矛盾的有效途径。村民自治制度是我国农民利益表达和政治参与的重要制度。

村民自治是中国民主政治建设的试验点和突破口，发展农村基层民主的唯一途径就是要在党的领导下，依靠广大农民的不懈努力来消除存在的制约因素，为村民自治创造条件，因此要搞好基层民主，必须非常注重制度建设。事实表明，村民自治的实际效果与基层各项民主制度的规范性有很大关系。一要严格选举程序，建立和完善村民委员会的直接选举制度。民主选举是村民自治的基础和前提条件，因此必须搞好。二要建立和完善村民议事制度和村民听证会制度。三要建立和完善村务公开等公开办事制度，最大限度地体现民情民意。凡是村民关注的、关系到大家切身利益的问题，都要定期向村民公布；凡村组建设规划宅基地审批、财务收支等事项，都要及时向群众公布。四是实行民主决策，完善村委会的治理结构。要按村委会组织法，落实民主决策、民主管理和民主监督机制。

第二节　农村法制建设

一、农村法制建设概述

依法治国，是我们党确立的社会主义现代化建设的重要目标和基本方略。在我国，大部分地区是农村，农业是国民经济的基础，农民占全国人口的70%，农村法制建设的状况，直接关系和影响到整个国家的法制建设，直接关系到依法治国方略能否实施并取得效果。没有农村法制建设的顺利进行，依法治国的基本方略也就无法顺利实施，只能成为一纸空文。同时新农村的实现也离不开法制建设。

二、加强农村法制建设的措施

（一）完善农村法制建设，树立新型的法治理念

依据新农村建设的目标要求，致力于农村法制建设的完善与创新，树立新型的法治理念，加强对基层干部的法制教育，加强对农民的普法教育。第一，建立完善的法律体系，完善农民合作经济组织的立法；完善农村村庄建设规划的立法；完善农民权益保护的立法；完善农业产业化经营的法律制度；完善农民法律援助的立法；完善农业生态环境保护的立法。第二，加大“三农”的执法力度，严厉打击各种违法行为，切实保护农民利益。建立健全农村法律服务体系，强化乡镇司法所和农村法律服务机构建设。强化农村执法的监督，充分发挥乡镇人大对基层政府的监督权，发挥纪检监察机关的作用，发挥上级政府对下级政府、上级政府工作部门对下级政府工作部门的监督。特别要加强宣传舆论部门的监督，制定重大案件曝光制

度，增强各级各部门及其工作人员的法制观念，确保农村法治的推进，确保各项法律法的严格实施，确保社会主义新农村建设目标的实现。

（二）开展法制宣传教育活动，营造法治氛围

一方面，要本着“农民需要什么就宣传什么”的原则，加大对经济落后地区以及偏远贫困地区的普法宣传力度，增强群众对涉农法律法规的认知度，针对农村建房、征地、社会保障、计划生育、农田水利、山林权属、合伙经营等方面的法律法规，结合农村各项工作的开展，抓住农民最感兴趣的问题，围绕维护农民的合法权益，开展法律宣传，咨询和服务；加强乡镇和村“两委”干部的法制培训工作，充分利用党校、法制培训班，对农村干部分期分批进行轮训，让他们成为守法、用法的带头人。另一方面，要创新法制宣传教育方式方法。应把与农民生产、生活相关的法律法规融入通俗易懂的宣传方式之中，使农民在喜闻乐见的宣传方式中受到潜移默化的法制教育。还可采取“小手拉大手方法”，即在中小学开设法律知识课，让学生学法、知法、懂法，成为“明白人”，从而带动家庭和亲友了解和掌握法律。基层司法、执法机构也应针对当地发生的典型案例，现场给农民以案解法、以案说法，变“法律下乡”为“法律驻乡”。

（三）拓展农村法律服务领域切实维护农民的合法权益

一要建立农村法律服务机制。完善农村基层法律服务工作者准入制度，适度发展农村基层法律服务力量。建立法律服务人员执业信用档案，实行年度执业情况综合考核，促使农村法律服务人员成为农村地区具有公信力的高素质团队。二要扩大农村法律援助范围。依托基层司法所和法律服务所，充分发挥法律援助工作站和法律援助志愿者的作用，深入开展法律帮困、法律扶贫、法律维权等特色工作。三要拓展法律服务领域。引导城市的律师事务所，以顾问制、服务团制、“结对子”和建立法律服务联络点等多种形式，积极为“三农”提供法律服务，解决农村法律资源不足的问题。

（四）完善村民自治制度，还权于民

村民自治是农村政治文明与法治建设的基础，完善和健全村民自治制度，是促进农村政治文明与法治建设的重要途径。全面实施有关村民自治的法律法规，把《村民委员会组织法》作为农村普法教育的重点，坚持民主选举，民主管理，民主监督，民主决策和政务、财务公开，使农民直接了解村务情况，参与村务管理。村干部要以村民的呼声作为工作的第一信号，把农民群众满意作为农村工作的目标，发挥情为民所系，利为民所谋的先锋模范作用。通过村务公开给群众一个明白，还干部一个清白，防止因村务影响了党群干群关系。变“秋冬算账”为“事前监督”，变“官管民”为“民管官”，真正地把干部的评议权、监督权交给农民群众，提高农民各方面的积极性；使农民对国家各项方针政策有更深刻的了解，让农民意识到法律在维护自身的合法权益，也知道当自身权益受到侵害时以法律作为后盾，使民主和法治精神在农民的心中扎根。

（五）多措并举，加大对农村信息供应量

发展农村经济是提高农民法律意识最根本的方法，但经济发展是长久之计，并非一朝一夕可办到的，当前提高农民法律意识，较快的方法就是要根据广大群众的意愿，利用电视、广播、报纸、宣传栏、学习栏、村民自治机构、民间文艺团体和学校等方式加大对农民信息供应量，满足农民对市场、文化、法律知识及农业产业结构等方面的需求，解决广大农村经济结构方面的信息闭塞问题，推动农村经济的发展，活跃农民的思维，开拓农民的眼界，让广大人民群众生活在浓厚的社会法制氛围中。

第三节　人民调解

一、人民调解委员会的职责和方针

（一）人民调解

人民调解是人民群众运用自己力量实行自我教育、自我管理、自我服务的一种自治活动。具体来说，它在人民调解委员会主持下，以国家法律、法规、规章、政策和社会公德规范为依据，对民间纠纷双方当事人进行调解、劝说，促使他们互相谅解、平等协商，自愿达成协议，消除纷争的一种群众自治活动。人民调解也是我国社会主义民主与法制建设中的重要组成部分。

（二）人民调解委员会的主要职责

人民调解委员会主要职责有：一是依据国家法律法令及有关规定调解有关民间纠纷，主要调解有关财产、权益、人身和其他日常生活中发生的纠纷，它主要指恋爱、婚姻、家庭、赡养、抚养、继承、债务、房屋、宅基地等纠纷，以及因争水、争田、争农机具引起的经营性纠纷；二是宣传法律、法规、规章和国家的政策，教育公民遵纪守法，尊重社会公德；三是向村民委员会、乡镇人民政府报告民间纠纷调解工作情况，并及时反映群众的意见和要求。

（三）人民调解的工作方针

人民调解工作方针是“调防结合，以防为主，多种手段，协同作战”。这工作方针有以下含义：一是人民调解委员会要及时有效地调解各类矛盾纠纷；二是防止矛盾纠纷激化，以防止矛盾纠纷激化为人民调解工作的重点；三是要针对矛盾纠纷的发生、发展规律、特点，有针对性地开展纠纷预防，减少矛盾纠纷发生；四是要与有关部门密切配合，运用经济、行政、法律、政策、说明教育等多种手段化解矛盾纠纷；五是要在党委、政府的领导下，主动与各有关部门结合起来，相互协调、相互配合，共同化解新形势下的矛盾纠纷。

二、人民调解委员会的设立

根据农村实行联产承包制的新情况，有些地区的农村人民调解委员会，实行调解委员包户、调解小组包片、调解委员会包面这种层层落实责任制的形式；也有的地区村与村之间成立联合人民调解组织，来负责解决不同村的村民之间发生的纠纷，以适应已经变化了的农村政治、经济形势。

人民调解委员会的管辖大体有 4 种做法：①纠纷当事人双方户口在同一调解委员会辖区内的，由该调解委员会管辖；②当事人双方户口不在同一个辖区，发生了纠纷，由纠纷发生地调解委员会主动联合另一方调解委员会调解；③当事人户口所在地与居所地不一致的，由居所地调解委员会管辖；④厂矿企业内部职工因婚姻、家庭和财产权益等发生纠纷，由企业内部调解委员会调解。

三、做好调解工作

（一）人民调解委员会要进行普法宣传教育

人民调解委员会的法制宣传工作，主要采取以下 3 种方法。

（1）通过调解工作进行宣传。通过对纠纷的调解进行宣传，调解哪一种纠纷，即宣传哪一方面的法律、法规、政策和有关的道德规范，采取以案释法，就事讲道德，把法律与道德结合起来。通过典型案例宣传，针对性强，当事人和有关群众看得见，听得懂，便于记，收效会更显著。

（2）针对纠纷发生的规律进行宣传。民间纠纷的发生，也和其他事物一样，一般有规律性，只要细心观察，认真掌握，调解就能收到事半功倍的效果。例如，在农村，春节前后结婚多、赌博多，容易发生婚姻家庭纠纷；年终结算分配多，容易发生赡养纠纷；农忙季节生产活动多，容易发生争水、争农机具的纠纷；农闲季节建房多，容易发生房宅基地纠纷，等等。人民调解委员会要善于掌握这些规律，在不同时期，针对多发的纠纷种类，进行有关法律、法规、政策、社会公德的宣传教育。

（3）配合普法进行宣传。普法教育是全民性的法制宣传教育，规模较大，持续时间久。人民调解委员会要抓住时机，针对民间纠纷的具体情况，进行社会主义法制和社会主义公德的教育，容易收到较好的效果。

（二）人民调解委员会应建立工作制度

建立和健全必要的人民调解工作制度，是加强人民调解委员会的业务建设，提高调解人员素质的一个重要方面，同时也是做好人民调解工作的有效保证。人民调解工作制度的建立，应当因地制宜，讲求实效，以便有利于纠纷的及时正确解决。根据《人民调解委员会组织条例》规定和调解工作的实践经验，人民调解委员会应当建立以下几项主要工作制度：①纠纷登记制度；②纠纷讨论和共同调解制度；③岗位责任制度；④矛盾纠纷排查制度；⑤回访制度；⑥矛盾纠纷信息的传递与反馈制度；⑦统计制度；⑧文书档案管理制度。此外，还包括例会制度、培训制度、请示汇报制度、评比制度、业务学习制度等。

（三）对调解人员的要求

在人民调解工作方针中的“调防结合，以防为主”，调解是基础，预防是重点。调解人员要立足于调解，扎扎实实地做好调解工作，必须做到：①思想上重视。要充分认识到做好调解，是贯彻人民调解工作方针的首要环节，是进一步搞好预防的前提和基础。②要掌握调解技巧。针对不同当事人的不同特点，采取灵活的调解方式和调解方法，一把钥匙开一把锁，才能收到事半功倍的效果。③工作上努力。人民调解工作是一项艰苦细致的思想政治工作，这就要求调解人员不仅要为人公正，具有一定的法律专业知识和政策水平，更要有全心全意为人民服务的思想，这样才能在调解工作中，不怕苦、不怕累，不怕打击报复，不计较个人得失，才能做好调解工作。

四、民间纠纷的调解和处理

（一）对民间纠纷处理办法的规定

司法部发布的《民间纠纷处理办法》中对处理民间纠纷做了如下规定。

（1）处理民间纠纷，应当充分听取双方当事人的陈述，允许当事人就争议问题展开辩论，并对纠纷事实进行必要的调查。

（2）处理纠纷时，根据需要可以邀请有关单位和群众参加。被邀请的单位和个人，应当协助做好处理纠纷工作。跨地区的民间纠纷，由当事人双方户籍所在地或者居所地的基层人民政府协商处理。

（3）处理民间纠纷，应当先行调解。调解时，要查明事实，分清是非，促使当事人互谅互让，在双方当事人自愿的基础上，达成协议。

（4）调解达成协议的，应当制作调解书，由双方当事人、司法助理员署名并加盖基层人民政府印章。调解书自送达之日起生效，当事人应当履行。

（二）民间纠纷包含的内容

民间纠纷一般指发生在公民与公民之间的涉及人身权利、财产权益和其他日常生活中的争执。例如，婚姻、家庭、赡养、扶养、抚育、继承、债务、房屋、房宅基地、邻里、赔偿、土地、山林、水利、农机具等一般常见的民事纠纷。

属于人民调解委员会调解的纠纷包含纠纷主体为家庭成员、邻里、同事、居民、村民等相互之间，因合法权益受到侵犯或者发生争议而引起的纠纷；按其表现形式分为人身权利纠纷、婚姻纠纷与家庭纠纷、财产权益纠纷、生产经营性纠纷和损害赔偿纠纷等。

（1）人身权利纠纷。主要包括因人身自由，人格尊严以及名誉、荣誉等一般轻微侵权行为引起的纠纷。

（2）婚姻纠纷与家庭纠纷。婚姻纠纷主要包括因恋爱解除婚约、夫妻不和、离婚、离婚带产、寡妇改嫁带产、借婚姻关系索取财物等引起的纠纷；家庭纠纷主要包括婆媳、妯娌、兄弟姐妹、夫妻之间因分家析产、赡养、扶养、抚育及家务引起的纠纷。

（3）财产权益纠纷。主要包括债务、房屋、宅基、继承等方面的纠纷。

（4）生产经营性纠纷。主要包括因种植、养殖、工副、买卖等生产经营方面引起的纠纷。此外，还包括因地界、水电、山林、树木、农机具使用和牲畜使用等生产资料方面引起的纠纷。

（5）损害赔偿纠纷。主要是指一般打架斗殴、轻微伤害等引起的民事赔偿纠纷。

当前，农村人民调解组织要重点调解土地承包政策实施过程产生的各种纠纷，农业产业化服务的经济合同纠纷，征购提留、各业承包、计划生育、划分宅基地、财物管理的干群纠纷。

（三）民间纠纷的受理和调解

（1）人民调解组织受理纠纷有3种方式，即申请受理、主动受理和移交受理。申请受理指纠纷当事人主动要求调委会调解，这表明他们自愿选择调解方式解决纷争，有利于纠纷及时、正确的解决；主动受理是指人民调解组织主动调解，体现了它的自我管理的民主自治组织的性质，有利于防止矛盾激化；移交受理是指已告到基层人民政府、有关部门或起诉到法院的矛盾纠纷，基层人民政府、有关部门或人民法院认为更适宜通过人民调解方式解决的，在征得当事人同意后，移交当地人民调解委员会调解。

（2）在纠纷当事人申请调解和人民调解组织主动调解受理纠纷的方式中，都允许纠纷当事人选择人民调解员调解自己的纠纷。纠纷当事人一方或双方如果拒绝某调解员调解，经过解释，当事人仍然坚持的，人民调解组织应接受纠纷当事人的要求，派其信赖的人民调解员去进行调解。这样做，会更有利于纠纷的及时、公正调解。被替换的人民调解员不该有别的想法。

（3）纠纷受理后，调解的第一个步骤是查明事实、分清是非；第二个步骤是进行调解；第三个步骤是主持协商。上述顺序是进行调解的一般做法。对一个简单的小纠纷来说，由人民调解员一人主持，纠纷双方当事人参加，只需要很短的时间这三个步骤即可同时完成；对一个较大较难的纠纷来说，可能主持协商的人不止一个，双方当事人也可能不止二人，还可能有其他证人、鉴定人等参加，程序相对复杂，进行时间也可能较长。

（4）纠纷受理以后，调解员先要同纠纷双方当事人分别谈话，耐心听取双方的陈述，重视当事人举证，记取他们提供的证人证言及其他证据，需要查看现场的，应及时亲自查看现场，必要时可作现场勘查笔录。在与纠纷当事人谈话中，要实事求是、诚恳和蔼地指出和分析其明显的或其本人承认的缺点与错误，帮助他们提高认识、端正态度。然后向周围群众和一切知情人作调查，向当事人工作单位以及与纠纷有关的一切单位了解情况。总之，要从各方面进行调查，全面搜集证据，掌握第一手材料，查清纠纷事实真相，分清是非曲直。在此基础上，对适用哪些法规、政策或社会公德进行调解解决，做到心中有数，方能奏效。

（5）调解员在查明事实，分清是非，并形成一个初步调解方案的基础上，即可开始对纠纷当事人进行调解。一般先背靠背，条件成熟时，也可面对面，以国家法律、政策、社会公德规范为依据，对纠纷双方进行说服疏导，同时征求群众和有关单位意见，但仅作参考。人民调解员独立自主地提出（比较大的复杂的纠纷，由人民调解委员会集体讨论决定）一个合情合理合法又切实可行的调解方案，根据这个初步方案，进行调解，当纠纷当事人双方意见一致，表示接受调解方案，或者双方意见与调解方案比较接近时，即可确定时间、地点开调解会，主持协商，这样方可取得调解的最佳效果。

（6）召开调解会。“调解会”是人民调解组织调解民间纠纷解决具体问题时，主持纠纷双方当事人当面进行平等协商的一种主要形式，开“调解会”就如同人民法院与仲裁机关的“开庭”一样，都是有其特定含义的，与一般的所谓开会的含义有所不同。开调解会，必须是纠纷当事人双方出席进行。所以，纠纷当事人双方必须按人民调解组织通知的时间、地点出席调解会。调解会由人民调解员 1~3 人主持，小纠纷可由调解员 1 人主持，比较大的复杂的纠纷，可由 2 人或 3 人主持，由 2 人以上主持的，应由调解小组或调解委员会明确指定 1 名调解员为调解会的首席调解员。

（7）签写调解协议书。调解协议，就是在人民调解组织的主持下，纠纷双方当事人平等协商、解决纷争的一致意见。这是纠纷双方当事人同意的、人民调解组织认可的解决具体纠纷的意见和办法，即调解结果。它的内容一般用文字如实记载，形成一个书面的调解协议（即调解协议笔录），由人民调解组织存档备查，必要时，可作为人民调解委员会制发调解协议书（简称调解书）的根据。调解协议的主要内容应包括：调解时间、地点、人民调解员姓名、主要调解参与人姓名及身份等基本情况、纠纷双方当事人姓名及身份等情况、纠纷事实与争议焦点、调解理由；达成的具体协议事项、纠纷双方当事人签名或盖章、主要调解参与人签名或盖章、人民调解员签名或盖章。

调解协议最重要的核心内容是人民调解组织认可、双方当事人协商达成的具体协议事项，必须将这些事项具体、准确、完整地一一填写清楚。至于纠纷事实、争议焦点、调解理由等，由于双方已达成协议，一般可不必详细地交待和论述，可详可简。总之，调解协议要简明扼要，突出达成协议的具体事项。

凡是不能达成协议，调解不能成立而结束调解的，人民调解组织和人民调解员应根据情况分别告知纠纷当事人：可申请司法助理员调解；也可申请基层法律服务所调解；还可提请基层人民政府处理；如果是仲裁机关管辖的纠纷，可向有管辖权的仲裁机关申请调解或裁决；如果是法律问题，可向有管辖权的人民法院起诉。这些途径只供纠纷当事人参考，由本人自愿选择。必要时，应劝告纠纷当事人冷静、理智、正确对待，依法办事，不可感情用事，扩大纠纷事态，更不可采取过激行动使矛盾转化为刑事犯罪。

（四）调解协议的履行

达成调解协议以后，矛盾双方必须履行相关义务。履行调解协议的方式，可区分为自觉履行和督促履行2种。

（1）自觉履行。就是在调解协议中负有义务的一方当事人（简称义务人，下同），不需要人民调解组织的督促和享有权利的一方当事人（简称权利人，下同）的催促，自觉主动地履行协议中确认应尽的义务事项和具体要求，使协议得以兑现。

（2）督促履行。就是在协议确认的履行义务的时间已到或者已经超期，而义务人还没有履行义务的情况下，人民调解组织去提醒、催促义务人履行义务。督促不是强制，而是促使当事人在自愿的前提下，积极履行承担的义务。

人民调解组织主持达成调解协议之后，最关心的事情就是当事人双方能否信守履行协议。只有双方自愿信守、自觉履行协议规定事项之后，具体纠纷才完全彻底消除，调解才算最后成功。所以，人民调解组织在达成协议后，还要进行回访，了解思想动态，继续进行法制宣传与道德教育等思想工作，督促双方履行协议，巩固调解成果。

当事人达成调解协议后翻悔，拒不履行，或者履行了协议规定的部分义务而不履行剩余的其他部分义务，人民调解组织只能采取如下处理办法。

一是经人民调解委员会研究决定，认为翻悔有理，双方当事人又请求或者同意人民调解组织重新调解的，可以重新调解。

二是对翻悔有理，但不再接受人民调解组织重新调解的，以及经人民调解委员会研究决定，认为翻悔无理，再次说服教育，讲明无理翻悔后果，动员自觉履行而无效的，均应告知双方当事人自愿选择其他解决纠纷的方式。人民调解委员会应正告当事人切不可实施违法、犯罪行为，也不可扩大纠纷，造成严重后果。

第四节　治安保卫

一、治安的职责和任务

（一）治安保卫的职责

村委会治安保卫委员会有以下职责。

（1）密切联系人民群众，做好防盗、防水、防灾、防治安事故的工作，参加制订并监督执行有关的村规民约或村民自治章程，组织发动群众落实安全岗位责任制。

（2）协助公安部门搞好群众治安联防，维护社会秩序，保卫所在地区的重要部门、要害部门和公共场所的安全，劝阻和制止违反治安管理条例的行为，维护国家、集体和人民群众的合法权益。

（3）与学校、工矿企业等单位配合，帮助教育有违法和轻微犯罪行为的人认识、改正错误，特别要做好失足青少年的教育挽救工作。

（4）将通缉在案和越狱逃跑的罪犯以及正在被追捕、正在实行犯罪或犯罪后被发现的罪犯扭送公安机关；及时向有关单位和组织报告有可能引起违反社会治安管理条例或者酿成刑事案件的民间纠纷，并协助做好教育疏导工作。

（5）协助公安机关破案。

（6）依法对被管制、假释、宣判缓刑、监外执行和剥夺政治权利的罪犯以及被监视居住的人，进行监督、教育和考察。

（7）教育群众遵纪守法，增强法制观念，树立良好的社会道德风尚。

（8）向基层人民政府和公安部门反映群众对治安保卫工作的意见、要求和建议，协助公安部门做好其他有关社会治安工作。

（二）治安管理任务

社会治安管理的主要任务是：①组织每个村民学法、知法、守法，自觉地维持法律的权威和尊严，同一切违法犯罪行为作斗争。②教育村民之间要团结友爱，和睦相处。③教育村民自觉维护社会秩序和公共安全，不扰乱公共秩序，不妨碍公务人员执行公务。④严禁偷盗、敲诈、哄抢国家、集体、个人财物，严禁赌博，严禁替罪犯隐藏赃物。⑤严禁非法生产、运输、储存和买卖爆炸物品。⑥爱护公共财产，不损坏水利、交通、供电、生产等公共设施。⑦教育村民不得在公路上打场晒粮、挖沟开渠、堆积土石、摆摊设点，不得以任何理由妨碍交通秩序。⑧不制作、出售、传播淫秽物品，不调戏妇女，遵守社会公德。⑨严禁聚众赌博。⑩严禁非法限制他人人身自由，或者非法侵犯他人住宅，不准隐匿、毁弃、私拆他人的邮件。⑪认真遵守户口管理制度，出生、死亡要及时申报和注销。外来人员，需要在本村短期居留的，要向村治安保卫委员会汇报，办理临时手续。⑫建立治安巡逻制度。组织联防队员或村民义务巡逻，维持村内社会治安。⑬对触犯刑律的，及时送司法机关处理。

二、对一般违法行为的处罚规定

（一）乡（镇）公安派出所的治安处罚权

乡（镇）公安派出所对违反治安管理的人可以进行有限制的处罚。对有违反治安管理行为的人给予必要的处罚，是维持社会秩序、保障公共利益的需要。《中华人民共和国治安管理处罚法》（以下简称《治安管理处罚法》）第九十一条规定：治安管理处罚由县级以上人民政府公安机关决定；其中警告、五百元以下的罚款可以由公安派出所决定。因此，乡（镇）公安派出所有权对违反治安管理的人处以“警告、五百元以下罚款”的处罚。

各地对办理暂住证的有关规定不尽相同，暂住人可向暂住地公安机关进一步咨询。

（二）乡镇人民政府不能随便关押人

公民的人身自由受国家法律保护。《中华人民共和国宪法》规定公民的人身自由不受侵犯。任何公民，非经人民检察院批准或者人民法院决定、由公安机关执行，不受逮捕。禁止非法拘禁和以其他方法非法剥夺或者限制公民的人身自由，禁止非法搜查公民的身体。

据此，乡镇人民政府不是司法机关，不能设立关人的地方，随便将人关押。否则，就是非法剥夺他人的人身自由，构成非法拘禁罪。

（三）村干部不得随便搜查他人住宅

公民的住宅不受侵犯。非法侵入他人住宅构成犯罪的要处以刑罚。《治安管理处罚法》第四十条第三款明确规定：非法限制他人人身自由、非法侵入他人住宅或者非法搜查他人身体的，处十日以上十五日以下拘留，并处五百元以上一千元以下罚款；情节较轻的，处五日以上十日以下拘留，并处二百元以上五百元以下罚款。

（四）对未成年人一般违法行为的经济处罚

按照《治安管理处罚法》规定，未成年人违反治安管理虽然可以从轻或免予处罚，但造成他人经济损失或伤害的，要赔偿他人的损失或医疗费用。未成年人本人无力偿还，他的父母应承担赔偿经济损失和医疗费的责任。

（五）指使他人斗殴造成轻微伤害的处罚

指使他人斗殴是违反治安管理的教唆行为，教唆人的教唆行为与被教唆人的违法行为之间存在着直接因果关系，因此教唆人对被教唆人的违法行为要负法律责任。《治安管理处罚法》第十七条和第二十条第二款规定：教唆、胁迫、诱骗他人违反治安管理的，按照其教唆、胁迫、诱骗的行为处罚；教唆、胁迫、诱骗他人违反治安管理的，对教唆人要从重处罚。

（六）对盗掘坟墓行为的处理

盗掘墓葬是一种违法犯罪行为，危害社会治安，影响很坏。盗窃墓葬，窃取财物数额较大的，以盗窃罪论处。盗窃墓葬情节严重，即使未盗得财物或者窃取了少量财物的，也应以盗窃罪论处。如果情节显著轻微、危害不大的，由公安机关给予治安管理处罚。

至于盗掘具有历史、艺术、科学价值的古文化遗址、古墓葬的，则应根据《中华人民共和国刑法》（以下简称《刑法》）规定追究刑事责任。

（七）在林区垦荒烧山的处罚

森林是国家的重要资源，保护森林人人有责。《森林法》规定，地方各级人民政府应当切实做好森林火灾的预防和扑救工作。在森林防火期内，禁止在林区野外用火；因特殊情况需要用火的，必须经过县级人民政府或者县级人民政府授权的机关批准。在林区应有防火设施；发生森林火灾，必须立即组织扑救。由此可见未按规定办理批准手续，垦荒烧山是违法的。如未造成严重后果，应按《治安管理处罚条例》规定处罚；如造成严重后果则应按《刑法》规定，追究其刑事责任。

第五节　农村群体性突发事件的管理

一、农村群体性突发事件的含义和特征

近年来，由于法制的不健全和执法监督的不得力，侵农、坑农、害农事件时有发生，从而导致了农村群体性突发事件的不断发生，对农村社会的影响巨大。所谓农村群体性突发事件是指部分农村居民由于经济利益要求，采取一种非程序、非理性、甚至是非法的、有组织的、有计划的群体性与政府对峙的冲突性活动，是近年来农村矛盾的一个新的表现形式，在一定程度上干扰了人们正常的工作、生活和社会秩序，成为影响农村社会政治稳定的突出问题。群体突发性事件虽然是一种典型的突发事件，具有突然发生特征，但它并非事前不可预见的，相反，大量突发群体性事件是有明显征兆的，而且也多为人为因素推动才可演变而成。与其他形式的农村社会突发事件一样，农村突发群体性事件也是临时性的突发事件，但是它也有其自身的特殊性。这类事件的参与群体一般都是社会的弱势群体，没有明显的政治目的，只是想维护自身的权利，但是如果处理不当，事件的性质也可能发生变化。

在我国社会主义发展时期，农村群体性突发事件普遍呈现出如下特点：一是问题（矛盾）集聚特征明显。目前我国农村的许多突发性事件大都属于“能量积累型”，在群体性突发事件发生之前，一般来说都有一个“能量”积累过程，会出现许多明显的前兆，而且问题积累越多，前兆就越明显。而许多问题久拖不能解决，或者对上级封锁消息，最终就会一触即发，大规模的群体性突发事件就不可避免，使工作往往陷于被动。二是规模扩大化趋势明显。近年来，我国农村群体性突发

事件的规模越来越大，有时甚至达到500人以上，来访群众大都抱着不达目的不罢休的心情，强行进城，不听劝阻，对抗情绪激烈，部分上访人员行为粗野，比较难以控制，若处置不当，很容易使原本属于人民内部的非对抗性矛盾转化成对抗性矛盾，而且这种群体性突发事件组织性比较强，加大了解决问题的难度，也容易被少数不法分子和别有用心的人所利用，对农村的社会稳定将产生极大的影响。三是参与群众的诉求具有复杂性特征。农村群体性突发事件，有一个矛盾积累期，在这个过程中，往往由于农村基层政府处理不当致使事件不断升级。受示范效应影响，参与群众越来越多，使得原本相对简单的矛盾更加复杂化。各种参与人员具有不同的目的，群众要求的合理性与行为的违法性交织在一起。由于诸多因素的积累，有相当一部分上访者始终抱着“不闹不解决、小闹小解决、大闹大解决”的错误思想，而且唯上唯大心理很强，认为不找大领导就解决不了大问题，往往采取不理智的手段向政府施压。四是事件原因具有多样性特征。一般来说，现阶段我国农村社会突发群体性事件产生的原因主要有政策原因、历史原因、利益原因、干群矛盾原因、民主政治发展过程中出现的一些问题等，有时多种原因交织在一起，形成解决群体性突发事件的复杂性。具体来说包括征地拆迁及补偿安置和配套政策难以落实、农民负担过重、基层选举过程中的违规操作舞弊行为以及民族、宗教信仰和利益矛盾激化、其他诸如社会治安、民间、行政执法等问题引起的矛盾等事件诱致因素。

二、农村群体性突发事件的管理措施

农村群体性突发事件已造成我国农村社会秩序的不稳定，迫切需要有关部门进行管理。结合各地实际情况，可以采取的措施如下。

第一，建立群体性突发事件预警机制和动态监控机制，把矛盾解决在萌芽状态。建立农村政治状况的科学评价体系，设计有效可靠的评价指数，建立农村政治状况信息网络，独立、及时、准确、全面地收集关于农民利益矛盾和冲突、基层政权的社会控制能力、农村社会各群体对社会状况评价等问题的真实信息，及时汇总到有关研究部门进行科学分析，得出有事实依据的、前瞻性的政策建议。不仅可以避免处理群体性事件时发生定性错误，而且可以使政府及时启动危机管理机制，防患于未然。

第二，科学区分农村群体性突发事件的政治性质，对不同性质事件采取不同处理方式。目前农村群体性事件主要有3种类型：①维权抗争型。基本特征是：一是农民经济权益（征地拆迁、移民安置等）或政治权利（选举权、参与村务管理的权利等）受到基层政府或村干部的非法侵害，农民通过信访或行政诉讼等制度化方式维权无效，甚至受到打击报复，从而采用堵塞交通、强占施工现场、集体上访、越级上访甚至包围冲击地方党政机关等激烈方式进行维权；二是绝大多数参加者的利益诉求明确、目标单纯、行为比较克制；三是其中一些事件有较为稳定的核心人物或松散的组织。现有资料表明，维权抗争型事件占农村群体性事件的90%以上，特别需要慎重处理。维权抗争型群体性事件属于人民内部矛盾，处理时应以满足农民权益诉求为基本出发点，对维权过程中有过激违法行为的农民也应当以教育为主，切不可滥用警力激化矛盾。②突发骚乱型。此类事件没有明确的组织性，往往因一些偶然事件引起，参加人员没有统一的、明确的利益诉求，主要是借题发挥，表达对社会不公、吏治腐败等现象的不满。近两年，此类事件有增加的趋势。此类事件有3个特点：一是没有个人上访、行政诉讼等征兆，突发性极强；二是没有可以立即解决的事由，难以平息；三是没有明确的组织者，找不到磋商对象。这类事件具有泛政治性，值得特别警惕。从目前情况看，突发骚乱型群体事件仍然属于人民内部矛盾，处理时要以控制事态扩大为主，除对事件中有恶性犯罪行为者依法惩处外，对一般参与者应以教育为主。③组织犯罪型。此类事件特征是，某些组织和个人在处理征地或承包矿山资源等涉及巨大经济利益的问题时，利用地方黑恶势力，进行有组织犯罪。此类事件具有暴力性，攻击目标主要是农民，有时也直接针对地方基层政府或干部。组织犯罪型群体性事件属于敌我矛盾，一定要坚决依法处理，对组织领导犯罪者要坚决严惩，但是要特别警惕把某些农民维权组织或核心人物作为违法犯罪组织和罪犯进行镇压引发更为严重的群体性事件的现象。

第三，畅通信息渠道，建立健全群体性突发事件信息报送机制。一是要建立纵横交错的信息网络。从纵向看，在加强传统信息网络建设的同时，要特别重视发挥市级职能部门的信息中心和枢纽的作用，使对群体性突发性事件的处理更加便捷和迅速；从横向来看，各部门信息除了向各党政信息部门报送外，还应在部门之间互相报送，便于从不同侧面分析信息内容。千方百计扩大信息网络的覆盖面，消除空白点。二是要解决信息报送难的问题，如建立健全信息报送报告制度、信息反馈制度和责任追究制。

第四，确保农民的土地权益，建立农地征用的法律程序和市场机制。近年来，随着各地城镇化进程的加快，由于土地征用而引起的农民群体性突发事件增多。全国共发生因土地引起的群体性突发事件约 19 700 起，占全部农村群体性事件的65%以上。土地问题已经成为农村社会冲突的焦点问题。虽然中央对此采取了一些措施，如要求国家有关部门加强征地管理，严格控制征地规模，禁止随意修改规划、滥征耕地、增加给失地农民的补偿等，但是这些措施并不能从根本上解决问题。因此，当务之急是要从法制和政治两方面对各级政府特别是受利益驱动的基层政府征用农村土地的行政权力进行刚性限制，使农民有能力依法维护自己的权益，通过立法和修法明确农民对于耕地的所有权，然后考虑用市场手段来解决农地征用问题，探索建立农地入市交易的法律制度。

第五，加强协调，建立高效的应急处置机构，真正形成全方位工作格局。不仅信访部门要冲在第一线，而且社会各个方面，各个职能部门都要积极参与，要按照“谁主管谁负责”的原则，实行分级负责，归口管理，确定领导责任和单位责任，及时予以解决。凡是涉及跨地区、跨部门、跨行业的问题，应由上级党委或政府牵头。对一些重大问题或影响较大问题，党政主要领导要亲自出面，关键时刻上第一线，亲自过问，与群众对话，防止矛盾上交。

第六，严格掌握政策，注意工作方法，慎用警力。群体性突发事件大多是属于人民内部矛盾，属于非对抗性矛盾。即使有个别群众出现过激言行，也要坚持以说服教育为主，注意工作方法，要通过耐心细致、深入的思想工作来缓解群众的情绪，化解矛盾。不到关键时刻不要调动公安、武警，以免激化群众情绪，警惕少数别有用心的人趁机挑起事端。对参与事件的大多数群众要坚持疏导方针，对群众反映的问题必须高度重视，能解决的及时解决；暂时不能解决，也要说清楚，取得群众理解，避免矛盾激化。对于不听劝阻冲击政府、打砸机关和公用设施，堵塞交通要道的，必须依法处置，决不手软。对参与和组织“群体性突发事件”的一些领头人物要做重点工作，这些人一般是有一定文化素质，在群众中有较大影响，如果能做好他们的思想工作，可以化消极因素为积极因素，有利于事件的早日平息和问题的解决。

第十章　新型职业农民一事一议筹资筹劳的管理

第一节　实行一事一议的重要性

一、规范一事一议筹资筹劳管理的重要性

农村税费改革以来的实践表明，一事一议筹资筹劳制度的实行，对于引导农民在自愿的前提下出资出劳，改善生产生活条件，促进集体生产公益事业发展，起到了积极的推动作用。

但在一事一议筹资筹劳过程中还存在一些需要解决的问题：一是违反民主议事程序。一些地方没有按规定的程序进行民主议事，而是由村干部直接拍板定事或少数人说了算，侵犯了农民的民主权利。二是扩大筹资筹劳范围。一些地方不按规定操作，随意扩大筹资筹劳范围，把应由财政支出的项目如修建乡级道路、维修小学校舍等内容纳入筹资筹劳范围；还有的将偿还村级债务、献血补助、村级管理性支出等列入议事的范围，变相加重农民负担。三是突破上限控制标准。一些地方违背量力而行的原则，搞超出农民承受能力的“形象工程”，突破上限控制标准，加重了农民负担。四是平调、挪用筹集的资金。有的乡镇为缓解财政困难，平调、挪用一事一议筹集的资金，用于发放工资或运转经费，影响了农民筹资筹劳的积极性。因此，规范一事一议筹资筹劳管理，切实解决实施过程中

产生的问题，对于保证这项制度的正常运行，并充分发挥其应有的作用，具有极其重要的意义。

二、一事一议筹资筹劳与农村基层民主建设的关系

农村基层民主建设的主要内容是民主选举、民主决策、民主管理和民主监督。一事一议筹资筹劳，从议事项目的提出、表决到具体实施，都必须经过规定的民主程序，符合民主决策、民主管理和民主监督的要求。两者是相互制约、相互促进的关系。

一方面，开展一事一议筹资筹劳有利于形成民主议事机制，促进农村基层民主建设。一事一议筹资筹劳通俗讲就是“大家事、大家议、大家定、大家办”。这既可以改变一些基层干部习惯于自己说了算和采取强迫命令的传统工作方式，又可以给农民搭建一个能说话、有地方说话和说话算数的农村基层民主建设新平台。有了这样一个平台，就能取得了解民意、化解民怨、集中民智、办好民事、赢得民心的效果。所以，一事一议筹资筹劳有利于形成民主议事机制，有利于提高基层干部和农民群众的民主素质，有利于促进农村基层民主建设。

另一方面，加强农村基层民主建设有利于推动一事一议筹资筹劳的广泛开展。实践证明，凡是村务公开和民主管理搞得比较好的地方，村民一事一议筹资筹劳就开展得比较顺利。当前，制约农村基层民主建设的主要因素：一是一些基层干部和农民群众的民主观念和民主素质亟待增强；二是基层民主管理的一些基本制度不健全，有的甚至流于形式；三是部分村级组织缺乏凝聚力、号召力，在群众中威信不高。因此，推进一事一议筹资筹劳必须从解决以上三方面问题入手。首先，要提高农村基层干部的民主管理水平。通过加大对农村基层干部的教育培训力度，引导他们适应新形势，转变思想观念，增强民主

意识，学会运用民主方式，按照农民意愿解决涉及农民切身利益的问题；也要教育农民用正当的方式表达自己的意愿和诉求，珍惜民主权利，遵守民主决策。其次，要提高农村基层组织的凝聚力。结合开展农村党的建设“三级联创”活动，加强思想作风建设和队伍建设，坚持村民委员会成员、村民小组长、村民代表的民主选举制度。第三，要完善村民会议、村民代表会议制度，推行村务公开和民主管理。通过执行民主制度，赢得群众信任，提高基层干部的威信，形成充满活力的村民自治运行机制，充分调动农民参与社会主义新农村建设的积极性。

三、新形势下，开展一事一议筹资筹劳应遵循的原则

按照《村民一事一议筹资筹劳管理办法》以下简称（《管理办法》）规定，一事一议筹资筹劳应遵循以下五项原则。

（1）村民自愿。一事一议筹资筹劳以村民的意愿为基础。即议什么、干不干、干哪些、怎样干，都要听取村民的意见，尊重村民的意愿，不能强迫命令。村民自愿不仅是议事的基础，也是能否议得成、办得好的重要前提。

（2）直接受益。一事一议筹资筹劳项目的受益主体与议事主体、出资出劳主体相对应，即谁受益、谁议事、谁投入。全村受益的项目全村议，村民小组或自然村受益的项目可按村民小组或自然村议事。直接受益是提高议事成功率和实施效果的重要条件。

（3）量力而行。确定一事一议筹资筹劳项目、数额，要充分考虑绝大多数村民的收入水平和承受能力。筹资数额和筹劳数量较大的项目可制定规划，分年议事，分步实施。

（4）民主决策。一事一议筹资筹劳项目、数额等事项，

必须按规定的民主程序议事，经村民会议讨论通过，或者经村民会议授权由村民代表会议讨论通过，充分体现民主决策、民主监督。这是一事一议筹资筹劳制度的核心和关键。

（5）合理限额。目前，农民的整体收入水平不高，全国各地农民收入的差距较大。省级人民政府应根据当地经济发展水平和村民承受能力，分地区制定筹资筹劳的限额标准，村民每年人均筹资额、劳均筹劳量不能超过限额标准。

四、通过一事一议筹资筹劳调动农民参与的积极性

建设社会主义新农村，需要凝聚社会各方面的力量。既要加大政府对农村基础设施建设的投入力度，同时也必须调动多方面投入的积极性，尤其要尊重农民意愿和农民的首创精神，激发广大农民群众的潜能，使社会主义新农村建设真正成为农民群众主动参与、直接受益的民心工程。一事一议筹资筹劳是农村税费改革后，农民参与村内集体生产生活等公益事业建设的主要方式。通过一事一议筹资筹劳，引导农民参与社会主义新农村建设，需要抓好4个关键点。

（1）所议之事要符合大多数农民的需要。要从绝大多数农民生产生活最急需、要求最强烈和最热切盼望解决的问题议起，力争议得成、见效快，让农民看得见、摸得着，能够直接受益。这样，所议之事才能被大多数群众所接受。

（2）议事过程要坚持民主程序。要严格按照规定的程序操作，做到群众想办的事由群众来议，不能由干部说了算，干部的责任是积极组织，因势利导。不便召开村民会议讨论的，可以由村民会议授权村民代表会议讨论。村民代表须由民主推荐产生，每个代表事先确定具体代表的户，会前逐户征求所代表农户的意见，投票时要按一户一票的方式进行，以防止“代表权”虚置。

（3）实施过程和结果群众要全程参与监督。确保一事一议所筹资金和劳务能真正用在所议项目上，这是群众最关心的，也是一事一议筹资筹劳能否成功和持久的关键。所以，从立项、审核到实施、竣工和验收，都要坚持阳光操作，民主管理，保证质量，以增加透明度和信任度。要推选有威信的村民代表组成民主理财小组，进行全程跟踪监督管理，所筹资金和劳务的使用情况要分别在事前、事中、事后3个环节及时向村民张榜公布，接受群众监督。有关部门也要加强监督，严格把关，发现问题及时纠正。

（4）财政投入与农民投入相结合。推进社会主义新农村建设，需要充分发挥农民主体和国家主导的作用。仅靠农民一事一议筹资筹劳毕竟数额有限，也需要政府加大财政投入和社会各方面的广泛支持。采取项目补助、以奖代补等办法引导农民参与一事一议筹资筹劳，使两者形成合力，既可以使财政投入落到实处，又可以解决农民筹资筹劳规模小的瓶颈问题，从而推动新农村建设取得明显实效。

第二节　一事一议的适用范围

一、一事一议筹资筹劳的适用范围

《管理办法》规定："村民一事一议筹资筹劳的适用范围：村内农田水利基本建设、道路修建、植树造林、农业综合开发有关的土地治理项目和村民认为需要兴办的集体生产生活等其他公益事业项目。"村内的项目具体包括：修建和维护生产用的小型水渠、塘（库）、圩堤和生活用的自来水等；修建和维护村到自然村、自然村到自然村之间的道路等；集体各种林木的种植和养护；农业综合开发有关的土地治理项目，包括中低产田改造、宜农荒地开垦、生态工程建设、草场改良等；以及村民认为需要兴办的集体生产生活等其他公益事业项目。

《管理办法》还规定：对符合当地农田水利建设规划，政府给予补贴资金支持的相邻村共同直接受益的小型农田水利设施项目，先以村级为基础议事，涉及的村所有议事通过后，报经县级人民政府农民负担监督管理部门审核同意，可纳入村民一事一议筹资筹劳的范围。采取由受益村协商、乡镇政府协调、分村议事、联合申报、分村管理资金和劳务的办法实施，所需筹集的资金和劳务在一事一议筹资筹劳限额内统一安排，分村据实承担。

二、一事一议筹资筹劳在村范围内的适用

一事一议筹资筹劳主要在村范围内适用，其主要目的是在村民承受能力允许的范围内，有效解决村内生产公益事业建设的投入问题。在目前国家投入不足、农民收入水平不高的情况下，通过一事一议的形式，组织和引导村民在承受能力之内筹集一定的资金和劳务，兴办村内公益事业，有利于尽快解决群众急需的生产生活实际问题。

同时，明确规定一事一议筹资筹劳的议事和使用范围为村内，有利于将有限的资金和劳务真正用于村内生产生活设施建设，防止其他方面随意扩大一事一议筹资筹劳的范围，以一事一议名义摊派、平调资金和劳务，进而加重农民负担。

三、不列入筹资筹劳范围的项目

《管理办法》规定：属于明确规定由各级财政支出的项目不列入一事一议筹资筹劳的范围。从目前的情况看，这类情况主要有以下几个方面。

（1）大中型农田水利建设项目。《国务院关于进一步做好

农村税费改革试点工作的通知》规定："今后，凡属于沿长江、黄河、松花江、辽河、淮河、洞庭湖、鄱阳湖、太湖等大江、大河、大湖地区，进行大中型水利基础设施修建和维护，所需资金应在国家和省级基本建设投资计划中予以重点保证；农村小型农田水利建设项目，应从地方基本建设计划中安排资金。"

（2）乡级及以上道路建设项目。《中共中央、国务院关于进行农村税费改革试点工作的通知》规定："乡级道路建设资金由政府负责安排"。

（3）教育、计生、优抚等社会公益项目。《中共中央、国务院关于进行农村税费改革试点工作的通知》规定："取消乡统筹费后，原由乡统筹费开支的乡村两级九年义务教育、计划生育、优抚和民兵训练支出，由各级政府通过财政预算安排。""要进一步明确县乡财政职能和支出范围，优化支出结构，将农村义务教育、计划生育、优抚和乡级道路建设等农村公益事业经费，列入县乡财政支出范围，增加农村教育、卫生、文化、水利、农业技术推广等投入。"《中华人民共和国义务教育法》第四十二条第二款规定："国务院和地方各级人民政府将义务教育经费纳入财政预算，按照教职工编制标准、工资标准和学校建设标准、学生人均公用经费标准等，及时足额拨付义务教育经费，确保学校的正常运转和校舍安全，确保教职工工资按规定发放。"

（4）农村电网改造后的户外线路及设备管护与维修项目。农村电网改造工程完成后，户外线路及设备的管护与维修不再由农民承担。

（5）村干部报酬、办公经费等村务管理项目。村级组织因减免农业税减少的附加收入，乡镇以上财政要给予必要补助，保证农村五保户供养、村干部报酬和办公经费的正常开支需要。《国务院办公厅关于做好当前减轻农民负担工作的通知》强调地方各级人民政府及有关部门需要村级组织协助开展工作的，要提供必要的工作经费，严禁将部门或单位经费的缺口转嫁给村级组织。建立健全村级组织运转经费保障机制，加大对村级组织运转资金补助力度，确保补助资金及时足额到位，确保五保户供养、村干部报酬和村级办公经费等方面的支出。

（6）上级部门立项，要求基层政府配套的项目。《国务院关于进一步做好农村税费改革试点工作的通知》明确指出："中央部门和地方各级政府安排的公路建设、农业综合开发、水利设施等基本建设，应按照'谁建设、谁拿钱'和量力而行的原则，不留投资缺口。"属于基层政府配套的项目，不能以一事一议筹资筹劳的形式转嫁给农民承担。

四、一事一议筹资筹劳在什么范围议事?

《管理办法》规定村民一事一议筹资筹劳的议事范围为建制村。按照受益范围划分，一般有 3 种情况。

（1）全村范围受益的项目。这类项目适合在全村范围内民主议事，应通过召开村民大会或村民代表大会的形式进行讨论和决策。

（2）建制村中部分群体受益的项目。这类项目在不影响村整体利益和长远规划的前提下，根据受益主体和筹资筹劳主体相对应的原则，可适当缩小议事范围，在村民小组或自然村范围进行议事。

（3）受益群体超出建制村范围的项目。对于符合《管理办法》规定条件的、受益群体超出建制村范围的项目，在涉及的相邻村中先以村级为基础议事，所有涉及的村都议事通过后，再履行相关手续。这样规定主要考虑以村为基础议事，有利于村民意愿的直接表达，真正体现民主决策、民主监督。

五、一事一议筹资筹劳的对象及分摊

《管理办法》规定："筹资的对象为本村户籍在册人口或者所议事项受益人口。""筹劳的对象为本村户籍在册人口或者所议事项受益人口中的劳动力。"劳动力的具体年龄范围，由省级明确。

我国农村幅员辽阔，各地情况千差万别，《管理办法》对于筹资筹劳具体分摊办法没作统一规定。从目前各地的做法看，分摊的主要形式有：按村内人口分摊，按受益人口分摊，按劳动力分摊，按承包地分摊，或者按人劳与承包地适当比例分摊等。具体采取哪一种分摊办法，可能会因地、因事而异。各省（区、市）可结合本地实际提出具体分摊办法或明确由村民民主讨论决定。

六、能减免村民筹资筹劳任务的情况

《管理办法》规定，属于下列情况之一的，可以申请以下减免筹资筹劳任务。

（1）家庭确有困难，不能承担或者不能完全承担筹资任务的农户可以申请减免筹资。家庭确有困难包括：因病、因残等导致丧失主要劳动能力，难以维持日常基本生活的农村特困家庭；虽不符合五保户供养条件，但无劳动能力、生活常年困难的鳏寡孤独家庭；以及年人均收入达不到当地农村居民最低生活保障线的家庭。

（2）因病、伤残或者其他原因不能承担或者不能完全承担劳务的村民可以申请减免筹劳。筹劳任务由具有劳动能力的劳动力承担，对因各种原因丧失劳动能力的村民应给予减免，防止出现转嫁劳务或以资代劳等问题。

对符合减免条件的，获得减免的具体程序是：由当事村民口头或书面提出申请，经村民委员会审查后张榜公布，群众对公布无异议的，经村民会议或者村民代表会议讨论通过后，给予减免。

第三节　一事一议的组织实施

一、一事一议筹资筹劳的组织开展

村民委员会组织开展一事一议筹资筹劳，需要做好以下5个环节的工作。

（1）组织动员。在一事一议筹资筹劳事项提出后，村民委员会成员要进行广泛思想发动，使村民明白一事一议筹资筹劳项目的作用、目的和意义，动员村民积极参与民主议事、民主决策和民主管理。对准备提交村民会议或者村民代表会议审议的一事一议筹资筹劳项目、标准、数额等事项，会前向村民公告，做到家喻户晓，人人皆知。

（2）民主决策。在广泛宣传和动员之后，村民委员会应及时组织召开村民会议或村民代表会议。会上先由村民委员会介绍一事一议筹资筹劳初步方案，再请参加会议的村民或村民代表发表意见，进行民主协商。期间村民委员会成员可以进行解释和引导，在充分讨论的基础上进行表决。当场宣布表决结果，并由参加会议的村民或者村民代表在表决书上签字。

（3）上报审核。对村民会议或村民代表会议表决通过的一事一议筹资筹劳决定，由村民委员会将一事一议筹资筹劳方案报经乡镇人民政府初审后，报县级人民政府农民负担监督管理部门复审。审核通过后，乡镇人民政府在省级人民政府友民负担监督管理部门统一印制或者监制的农民负担监督卡上对一事一议筹资筹劳项目、标准、数量进行登记。

（4）筹资筹劳。村民委员会将农民负担监督卡分发到户，同时将一事一议筹资筹劳的项目、标准、数额张榜公布。然后，由村民委员会按照农民负担监督卡上登记的标准、数额，向村民收取资金、安排出劳，并开具一事一议筹资筹劳专用凭证。

（5）使用管理。村民委员会对筹集的资金要单设账户、单独核算、专款专用；根据不同投工项目，制定合理的劳动定额和质量标准，加强劳动力调度，建立投工台账，及时登记村民完成的投工数量，纳入账内核算，年终进行平衡找补。筹集资金和劳务的管理及使用情况，由村民民主理财小组审核后，定期张榜公布，接受村民监督。

二、筹集的资金的管理

《管理办法》规定筹集的资金应单独设立账户、单独核算、专款专用。

筹集的资金采取什么形式管理，应由村民会议或村民代表会议确定议事项目时一并表决确定。采取一事一议方式筹集的资金，是专门用来兴办经民主程序确定的集体生产生活等公益事业的，它的使用必须是专款专用。为确保专款专用，在具体管理中需要采取单设账户方式，向出资人收取的资金必须单独设立账户储存，不能与其他集体资金混存、混用；必须用于一事一议确定的专门项目，项目之间也不能混用，更不能平调挪作他用。

一事一议筹集的资金管理要做到票账齐全。在使用中，每项支出须由收款方出具正规的发票或收据。没有发票或收据的支出一律不能报销。同时，要建立专用账簿，将所有支出反映到账面上，做到票账齐全、票账相符。

三、一事一议筹集资金出现节余后的处理

根据《管理办法》的规定，一事一议筹集的资金实行单设账户、单独核算、专款专用。如果所议项目完成后出现节余，需要及时提出处理意见。是一事一结、退还给村民，还是用于村内其他公益事业项目，或是结转到下一年的议事项目中使用，应当根据多数村民的意见确定，不能随意挪作他用。

四、跨年度进行一事一议筹资筹劳的审批

村民一事一议筹资筹劳是指当年事、当年议、当年筹、当年办，一般情况下不得跨年度筹集资金和劳务。如果遇到特殊事项确需跨年度筹集资金和劳务，即一次议事、筹集几年的资金和劳务，必须在全体村民同意的前提下，报省级人民政府农民负担监督管理部门审核批准后方可实施。

五、为什么不能强行以资代劳

《管理办法》规定：属于筹劳的项目，不得强行要求村民以资代劳。其主要原因如下。

（1）强行以资代劳违背了筹劳的初衷。目前，我国农村基础设施建设滞后。在国家和地方政府投入有限的情况下，引导村民筹资筹劳兴办集体生产生活等公益事业，对改善农村基础设施条件，加快社会主义新农村建设步伐，具有十分重要的作用。但目前大多数农民的收入水平还较低，很难拿出大量资金投入集体生产生活设施建设。同时，农村劳动力资源十分丰富，特别是在农闲季节，有大量劳动力闲置。因此，投工投劳是村民参与社会主义新农村建设的主要形式。如果强行以资代劳就违背了引导村民投工投劳的初衷。

（2）强行以资代劳必然加重农民的经济负担。村民委员

会通过民主管理的方式，把闲置的农村劳动力组织起来，兴办一些村民直接受益的集体生产生活公益事业，村民出得起，也办得到。但强行以资代劳，等于把筹劳变成了筹资，无疑会加重农民的经济负担，容易引发干群矛盾。

（3）强行以资代劳容易出现挪用等问题。村民以出工的方式参与集体生产生活公益事业建设，村民的负担看得见、摸得着，其所出的工是否用在村民受益的项目上一目了然，便于村民监督。但强行以资代劳，把工日折成现金，就给侵占、挪用以资代劳款提供了可乘之机，这些资金有可能被用到其他非公益事业建设上，甚至用于发放人员工资和奖金。所以，严禁强行以资代劳，是防止农民负担反弹的一项重要措施。

六、对筹资筹劳的管理使用如何进行民主监督

有效的民主监督，是确保管好用好一事一议所筹资金和劳务的重要手段。主要有如下两个途径。

第一个途径是由民主理财小组监督。村民民主理财小组对一事一议筹资筹劳情况实行事前、事中、事后全程监督。事前监督的重点是筹资筹劳的项目、标准、对象是否符合规定，数额是否合理。事中监督的重点是筹集的资金是否单独设立账户，是否做到专款专用，有无平调、挪用所筹资金和劳务的情况，是否存在强行以资代劳。事后监督的重点是项目实施情况以及节余资金和劳务的处理是否符合规定。

第二个途径是由村民监督。一事一议筹资筹劳的管理使用情况经村民民主理财小组审核后，要定期张榜公布，接受村民的监督。村民有权对一事一议筹资筹劳的财务账目提出质疑，有权委托民主理财小组查阅、审核财务账目，有权要求有关当事人对财务问题作出解释。

第四节　一事一议的履行

一、一事一议筹资筹劳项目的确定程序

根据《管理办法》的规定，一事一议筹资筹劳项目的确定程序应经过以下四步。

第一步，提出筹资筹劳事项。筹资筹劳事项，可以由村民委员会提出，也可以由 1/10 以上的村民或者 1/5 以上的村民代表联名提出。

第二步，广泛征求村民意见。筹资筹劳事项提出后，在提交村民会议或者村民代表会议审议前，应当向村民公告，做到家喻户晓。同时，通过设立咨询点、意见箱等形式，广泛征求村民意见，并根据村民意见对筹资筹劳事项进行修改和调整。

第三步，按民主程序进行表决。对需要村民出资出劳的项目，要提交村民会议或者经村民会议授权的村民代表会议讨论通过，包括筹资筹劳项目、项目开支预算、筹资筹劳额度、具体分摊形式、减免对象和办法等。村民会议或者村民代表会议表决后形成的筹资筹劳方案，由参加会议的村民或者村民代表签字认可。

第四步，将方案上报审核。对表决通过的筹资筹劳方案，要按程序报经乡镇人民政府初审后，报县级人民政府农民负担监督管理部门复审。县级人民政府农民负担监督管理部门复审同意后，可实施一事一议筹资筹劳。

二、一事一议筹资筹劳事项的提出

根据《管理办法》，筹资筹劳事项的提出可有以下两种形式。

第一种是由村民委员会提出。村民委员会是村民自我管理、自我教育、自我服务的基层群众性自治组织，实行民主选举、民主决策、民主管理、民主监督。因此，在兴办集体生产生活等公益事业方面，村民委员会有责任在广泛听取村民意见的基础上，提出符合本村实际情况，代表全村绝大多数村民意愿，促进经济社会发展的公益事业项目。村民委员会在选择提出一事一议筹资筹劳项目时，要充分听取村民意见，防止长官意志、贪大求全和脱离实际的情况。

第二种是由1/10以上的村民或者1/5以上的村民代表联名提出。由村民或村民代表联名提出一事一议筹资筹劳事项，一方面可以充分了解和掌握民意，提高村民当家做主的意识，体现民主决策、民主管理的要求；另一方面还可以提高执行效力，使村内的事情村民提、村民办，易决策、易成事。村民或村民代表所提项目，应以书面形式提交并签署姓名，签名人数要达到规定的比例。

三、采取村民会议的形式进行议事

采用村民会议的形式议事，需要抓好以下3个环节。

（1）适时召集会议。选择恰当时机，确保参会村民达到法定要求，即有本村18周岁以上村民的过半数参加，或者有本村2/3以上的户的代表参加。在劳动力外出较多的地方，最好安排在春节前后或外出务工农民集中返乡的时间召开村民会议。村民委员会在召开村民会议之前，要做好思想发动和动员组织工作，引导村民积极参与民主议事。

（2）充分发扬民主。召开村民会议时，村民委员会要全面介绍一事一议筹资筹劳的情况，讲清楚所兴办项目的实际作用、开支预算、筹资筹劳额度、分摊办法等。在讨论过程中，要允许广泛发表意见，充分民主协商，吸收村民合理意见。

（3）公开公正表决。经过充分讨论后，村民会议要进行表决。表决实行一人一票，村民会议所作决定须经到会人员的过半数通过。表决后形成的一事一议筹资筹劳决定，要在村民会议上当场宣布，由参加会议的村民签字认可。

四、村民代表会议表决时按一户一票进行

村民代表会议表决有两种备选形式：一是每位村民代表一票。这种表决形式容易出现以村民代表个人意愿代替农户意见的情况；在所代表的农户意见不一致时，一票也难以准确反映农户之间的不同意见。二是村民代表所代表的农户一户一票，即村民代表按照所代表农户的意见分别投票。这种表决形式能够反映大多数农户的意愿，使村民代表会议能够按照多数农户的意见进行决策，比较科学合理。因此，《管理办法》规定村民代表会议表决时按一户一票进行。

五、采取村民代表会议的形式议事

采用村民代表会议的形式议事，要做好以下几方面工作。

（1）召集会议。召开村民代表会议，要有代表 2/3 以上农户的村民代表参加。因此，村民委员会要选择适当时间召开会议，保证大部分村民代表能够出席。

（2）民主议事。召开村民代表会议时，村民委员会要做好组织引导工作，使村民代表能够充分发表意见。村民代表不仅要发表个人的意见，还要全面表达所代表农户的意见。

（3）民主表决。村民代表会议要在充分讨论、协商的基础上进行民主表决。表决时按一户一票进行，即村民代表按照所代表农户的意见投票。所作决定须经到会村民代表所代表农户的过半数通过。村民代表会议表决后形成的筹资筹劳决定要当场宣布，并由参加会议的村民代表签字认可。

第五节　一事一议的监督管理

一、一事一议筹资筹劳制定的限额标准

《管理办法》规定："省级人民政府农民负担监督管理部门应当根据当地经济发展水平和村民承受能力，分地区提出村民一事一议筹资筹劳的限额标准，报省级人民政府批准。"制定限额标准主要基于以下考虑。

（1）法律有明确的规定。《农业法》第七十三条规定：农村集体经济组织或者村民委员会为发展生产或者兴办公益事业，需要向其成员（村民）筹资筹劳的，应当经成员（村民）会议或者成员（村民）代表会议过半数通过后，方可进行。农村集体经济组织或者村民委员会依照前款规定筹资筹劳的，不得超过省级以上人民政府规定的上限控制标准，禁止强行以资代劳。制定一事一议筹资筹劳限额标准，符合国家的法律规定，是依法保护农民权益的具体措施。

（2）农民承受能力还较低。目前，我国农民的总体收入水平还不高，经济承受能力有限；同时由于经济发展不平衡，地区之间、农户之间的收入差异很大，相当一部分农户的经济承受能力极其有限。如果不分地区制定一事一议筹资筹劳的限额标准，就容易产生超出村民实际承受能力筹资筹劳、加重农民负担的问题。

二、村民一事一议筹资筹劳监督管理工作的主要任务

《管理办法》规定："农业部负责全国村民一事一议筹资筹劳的监督管理工作。县级以上地方人民政府农民负担监督管理部门负责本行政区域内村民一事一议筹资筹劳的监督管理工作。乡镇人民政府负责本行政区域内村民一事一议筹资筹劳的

监督管理工作。”各级有以下主要任务。

农业部负责全国村民一事一议筹资筹劳的监督管理工作，其主要任务是：起草有关村民一事一议筹资筹劳管理的法律、行政法规，研究制定有关政策；负责村民一事一议筹资筹劳管理的法律、行政法规、政策的贯彻实施和监督检查；具体负责村民一事一议筹资筹劳的日常监督管理，与有关部门联合组织实施村民一事一议筹资筹劳项目补助、以奖代补工作；协助有关部门处理村民一事一议筹资筹劳的违规违纪的重大案（事）件；指导各地开展村民一事一议筹资筹劳的试点、示范工作。

县级以上地方人民政府农民负担监督管理部门负责本行政区域内村民一事一议筹资筹劳的监督管理工作，主要任务是：制定本地区村民一事一议筹资筹劳的有关制度并监督实施；复审村民一事一议筹资筹劳的方案，纠正不符合村民一事一议筹资筹劳规定的有关问题（县级）；与有关部门联合组织实施村民一事一议筹资筹劳项目补助、以奖代补工作；对村民一事一议筹集资金和劳务的管理使用情况实施监督、审计；组织本地区村民一事一议筹资筹劳的检查，协助有关部门查处村民一事一议筹资筹劳中的违规违纪行为。省级农民负担监督管理部门还要承担以下任务：根据本省经济发展水平，提出村民一事一议筹资筹劳限额标准和以资代劳工价标准等，并监督执行；设计并印制本省农民负担监督卡、专用收据和用工凭据样式。

乡镇人民政府负责本行政区域内村民一事一议筹资筹劳的监督管理，主要任务是：指导村民委员会按照民主程序召开村民会议或者村民代表会议；协调相邻村共同直接受益的村民一事一议筹资筹劳项目的组织实施；初审村民委员会报送的村民一事一议筹资筹劳方案是否符合有关规定；在农民负担监督卡上登记村民一事一议筹资筹劳事项，组织发放农民负担监督卡；监督村民委员会按照村民一事一议筹资筹劳方案实施。

三、开展一事一议，维护村民的合法权益

（1）严格执行一事一议筹资筹劳的范围、程序和限额标准。《管理办法》明确规定了一事一议筹资筹劳的适用范围、民主程序，并且要求省级人民政府农民负担监督管理部门提出限额标准并报省级人民政府批准，这些是一事一议筹资筹劳基本的政策界限。农民负担监督管理部门在审核一事一议筹资筹劳方案时应严格把关，对于超出筹资筹劳范围、违反民主程序和突破限额标准的情况要及时予以纠正。

（2）防止平调、挪用一事一议所筹资金和劳务。一事一议所筹资金和劳务必须按照规定管理和使用，不能平调，更不能挪用，否则会挫伤村民参与农村公益事业建设的积极性。农民负担监管部门应加强对一事一议筹资筹劳的工作指导和监督管理，切实防止和及时纠正平调、挪用一事一议所筹资金和劳务的现象。

（3）防止将一事一议筹资筹劳变成固定的收费项目。开展一事一议筹资筹劳，必须从实际需要出发，充分尊重村民的意愿，并考虑到群众的承受能力。不能急于求成和少数干部想议就议，更不能将一事一议筹资筹劳变成固定的收费项目。

（4）防止一些部门和单位以检查、评比、考核等名义擅自立项。一事一议筹资筹劳，必须是为兴办村民直接受益的集体生产生活等公益事业，经民主程序确定的村民出资出劳的行为，不允许任何单位和部门以检查、评比、考核等名义擅自立项，或者提高标准向村民筹资筹劳。一旦发现此类问题，农民负担监督管理部门应予以及时制止，并根据《管理办法》的规定进行严肃处理。

四、一事一议筹资筹劳使用情况的审计重点

《管理办法》规定：“地方人民政府农民负担监督管理部

门应当将村民一事一议筹资筹劳纳入村级财务公开内容，并对所筹集资金和劳务的使用情况进行专项审计。”专项审计重点审计以下内容。

（1）是否严格按县级农民负担监督管理部门复审的一事一议筹资筹劳方案筹集资金和劳务，有无超范围使用、超标准筹集问题。

（2）是否将一事一议筹资筹劳合理分解分摊到户，农民负担卡的填写发放是否规范。

（3）一事一议筹资筹劳有无增项加码和强行以资代劳问题。

（4）一事一议筹集的资金是否单独设立账户、单独核算。

（5）有无平调、挪用一事一议筹集的资金和劳务问题。

（6）一事一议筹资筹劳项目补助、以奖代补资金使用是否合理。

对审计出来的问题，农民负担监督管理部门要依照《管理办法》的有关规定进行处理。

五、违反《管理办法》规定的处理

（一）违反规定要求村民或村民委员会组织筹资筹劳的处理

从近几年的情况看，一些地方存在以达标、评比、配套等方式要求村民或村民委员会组织筹资筹劳的问题。下面就是一个典型案例。

A镇要建一座文化中心，需投资30万元。A镇镇政府以文化中心建在A村的地域，A村的村民使用较多为由，要求A村配套5万元。A村村民委员会主任张某表示配套5万元有困难，A镇分管文化卫生的副镇长王某表示可以用一事一议筹资筹劳办法向村民筹集。于是A村召开村民代表会议，决定向村民每人筹资 20 元。该村将收取的 4 万多元筹资款，全部上缴镇政府。

在上述案例中，修建镇文化中心不属于村民一事一议筹资筹劳的范围，不能要求村民通过一事一议筹资配套，属于违反《管理办法》有关规定的行为。

对于这类违反规定，要求村民或者村民委员会组织一事一议筹资筹劳的，《管理办法》规定：县级以上人民政府农民负担监督管理部门应当提出限期改正意见；情节严重的，应当向行政监察机关提出对直接负责的主管人员和其他直接责任人员给予处分的建议；对于村民委员会成员，由处理机关提请村民会议依法罢免或者作出其他处理。

（二）违反规定强行向村民筹资的处理

实践中一些地方存在不履行一事一议筹资筹劳民主程序，不经村民会议或村民代表会议讨论，强行向农民筹资的情况。下面是一个典型案例。

B 村要修建一座公路桥，总投资 15 万元。B 村召开村两委和党员会议，决定向全村村民每人筹资 20 元，并从农户出售的甘蔗款中直接扣取，全村 2 950 人，共扣取 5.9 万元。

上述案例中，B 村向村民筹资没有履行一事一议筹资筹劳的民主程序，从村民的甘蔗款中扣取筹资款，属强行筹资行为，违反《管理办法》的有关规定。

对于这类违反规定，强行向村民筹资的，《管理办法》规定：县级以上地方人民政府农民负担监督管理部门应当责令其限期将收取的资金如数退还村民；情节严重的，应当向行政监察机关提出对直接负责的主管人员和其他直接责任人员给予处分的建议；对于村民委员会成员，由处理机关提请村民会议依法罢免或者作出其他处理。

（三）违反规定强制村民出劳的处理

根据农民负担检查和各地的反映，一些地方存在将应由县乡财政资金配套的项目，采取强制村民出劳方式转嫁给农民负担的问题。下面是一个典型案例。

C县申请省交通厅的县乡公路建设项目，该项目省级每公里投资15万元，要求县级配套弥补投资缺口。为了争取项目，C县承诺给予配套。在项目实施中，县政府以一事一议筹资筹劳名义，强行要求所属10个乡镇近50个村的村民出劳完成路基工程，劳均5个工日，总计达25万个工日。

上述案例中，C县政府要求所属50多个村的村民出劳，项目内容是修建县乡公路，超出了《管理办法》规定的一事一议筹资筹劳范围，属于强制村民出劳行为。

对于这类违反规定，强制村民出劳的，《管理办法》规定：县级以上地方人民政府农民负担监督管理部门应当责令其限期改正，按照当地以资代劳工价标准，付给村民相应的报酬；情节严重的，应当向行政监察机关提出对直接负责的主管人员和其他直接责任人员给予处分的建议；对于村民委员会成员，由处理机关提请村民会议依法罢免或者作出其他处理。

（四）违反规定强行要求村民以资代劳的处理

一些地方基层干部认为，统一进行以资代劳简便易行。有的理由是不少村民已经外出打工，组织村民出劳比较麻烦；有的理由是目前施工都是机械化操作，村民出劳难以达到工程质量。因此，出现了在未逐户征求村民意见情况下，直接收取以资代劳款的问题。下面是一个典型案例。

D 村要修建一条水泥路，于是召开村民会议，决定每人筹资 20 元，每个劳力出 2 个工日。会后，村干部考虑到该村大多数劳力已外出务工，出劳可能有困难，决定采取以资代劳方式，每个劳力收取 30 元的以资代劳款。至调查时，D 村在大部分劳力未书面申请的情况下，直接收取以资代劳款 1.05 万元，另外收取筹资款 2 万元。

上述案例中，D 村开展一事一议筹资筹劳履行了民主程序，方案是符合规定的，但在组织筹劳过程中，存在强行以资代劳的现象，违反《管理办法》的有关规定。

对于这类违反规定，强行要求村民以资代劳的，《管理办法》规定：县级以上地方人民政府农民负担监督管理部门应当责令其限期将收取的资金如数退还村民；情节严重的，应当向行政监察机关提出对直接负责的主管人员和其他直接责任人员给予处分的建议；对于村民委员会成员，由处理机关提请村民会议依法罢免或者作出其他处理。

第十一章　新型职业农民的家庭农场经营管理

第一节　家庭农场经营的相关概念

一、家庭农场经营的概念

家庭农场，是指农户以家庭成员劳力为主，利用家庭自有生产工具、设备和资金，在占有宅基地、承包、租用或其他形式占有的土地上，按照社会市场的需求，独立自主地进行生产经营的组织单元。在市场经济条件下，家庭农场经营不再是过去的自给自足的小生产方式，而是逐步形成以家庭农场为主体，以社会化服务为条件的，进行社会化生产的开放式经营。

农户的家庭经营作为一种组织形式，具有血缘关系和伦理道德规范所维系的、超越市场化的工厂经营的激励监督机制，具有跨越时间和空间的活力以及超越生产力水平和经济发展水平阶段的限制，从而表现出无比的优越性，具有普适性。这一组织形式，最早产生于原始社会末期，历经各种社会形态，至今仍显现出其强大的生命力。发达国家在实现农业现代化建设的整个过程中，农业生产和组织方式都是以农民家庭经营组织为主体的。

二、我国的家庭农场经营经历了三个阶段

（一）个体农户时期的家庭经营

我国从春秋战国到20世纪50年代农业合作化前的几千年间，是以土地私有制、家庭农场为生产单位的个体家庭农场经营阶段。

（二）集体经济时期的家庭农场经营

农业合作化以后，随着农业生产力的发展，特别是对农田水利等农业基础设施的需求增加和适度集中土地经营的要求，出现了农业互助合作组织，如以土地入股形式的合作社等经营形式。

（三）双层时期的家庭农场经营

党的十一届三中全会后，农村广泛地实行了村级“统一经营”和家庭农场“分散经营”相结合的双层经营体制。作为双层经营的一个层次，家庭农场，一方面对集体所有的土地，实行联产承包经营；另一方面还可以自主开发庭院空间和其他闲散荒地等资源，进行独立的家庭经营活动，形成一种兼业的或多业的家庭经营模式。村级“统一经营”层次，是为了克服家庭经营的局限性，充分发挥集体经济的优越性。

第二节　家庭农场的登记注册

目前，在全国约87.7万个家庭农场中，已被有关部门认定或注册的共有3.32万个，其中，农业部门认定1.79万个，工商部门注册1.53万个。实践中，有的家庭农场登记为个体工商户，有的登记为个人独资企业，有的登记为有限责任公司。为此，各地对于家庭农场是否需要工商注册看法不一，很

多家庭农场主也比较迷茫。

明明是从事农业生产经营的“农商”，为什么家庭农场要到工商部门注册呢？这是因为，我国没有“农商”登记注册的法律制度，而只有在政府部门登记注册成为法人，才能取得税务发票并进行市场交易。农业部日前出台的意见明确提出，依照自愿原则，家庭农场可自主决定办理工商注册登记，以取得相应市场主体资格。农业部和国家工商管理总局对此做了专题调研，并达成了共识：家庭农场是一个自然而然发育的经济组织，现实中许多存在的较大规模的经营农户其实就是家庭农场，但不一定非要到工商部门注册；注册的形式可以多样化，由于家庭农场不是独立的法人组织类型，在实践中有的登记为个体工商户，有的登记为个人独资企业，还有的登记为有限责任公司。

从实践情况看，到工商部门登记的家庭农场在经济发达的地区比较多，这是因为他们从事农产品的附加值比较高，特别是发展外向型农业的家庭农场，出于经营方面的需要，可以提高公信力和竞争力，因而有动力去工商部门注册登记。农业部提出要建立家庭农场管理服务制度，县级农业部门要建立家庭农场档案，县以上农业部门可从当地实际出发，明确家庭农场认定标准，对经营者资格、管理水平等提出相应要求。

专家认为，把握家庭经营的规模，可以从 3 个方面衡量：一是与家庭成员的劳动生产能力和经营管理能力相适应；二是能实现较高的土地产出率、劳动生产率和资源利用率；三是能确保经营者获得与当地城镇居民相当的收入水平。具体来说可以从五方面展开，即组织主体、组织方式、经营领域、经营规模和市场参与。

一、组织主体

家庭农场的组织主体是家庭。在农业生产决策单元中，农民家庭被认为是具有独立市场决策行为能力的最微观主体。但是，受农村劳动力流动的影响，家庭农业生产决策越来越复杂，非户主决策现象突出。因此，在家庭农场组织主体认定上，必须是以家庭户主为主、家庭主要成员参与的组织主体。

二、组织方式

家庭农场的组织方式非常重要，直接决定家庭农场能否做大做强，发展成为新型的、重要的农业经营主体。家庭农场组织方式应为企业化组织，其原因：一是家庭农场需要流转土地、市场融资，即参与市场资源配置，企业化组织更方便组织资源；二是从管理上，我国在对企业的市场经营管理上已经具有成熟的做法和经验，方便对家庭农场的市场行为进行规范化管理。

三、经营领域

家庭农场显然必须以农业为基本经营对象，但是，家庭农场有别于种养大户和小农户，其经营领域应充分体现农业的市场价值，需要通过盈利支撑农场的持续性发展。因此，家庭农场必须拓展农业除生产功能以外的其他功能，如服务功能、生态功能等，走以规模化农业生产为基础的综合化经营的新路子。这意味着家庭农场必须是具备“三生一服”（生产、生活、生态和服务）的综合经营功能。

四、经营规模

家庭农场经营规模指标建议为参考性指标，因为各地区的土地资源禀赋存在较大差异，如东北地区家庭拥有 50 亩土地是常态，而江浙地区家庭承包耕地面积往往只有几亩。因此，建议家庭农场经营规模应在当地人均耕地面积的 50 倍左右即可。

五、市场参与

家庭农场界定为企业化组织，意味着家庭农场的经营目的是追求利润最大化，追求市场利润最大化的基本要求是较高的市场参与度，因此，家庭农场的产品和服务的商品化率应达到80%以上。

总之，由于刚刚起步，家庭农场的培育发展还有一个循序渐进的过程。国家鼓励有条件的地方率先建立家庭农场注册登记制度，明确家庭农场认定标准、登记办法，制定专门的财政、税收、用地、金融、保险等扶持政策。因此，中国式家庭农场是一个动态的、地区的概念，其规模与分布因生产力差异也不尽相同，其规模特征很大程度上依靠专业化分工协作而形成的群体规模优势来实现，从耕种到收割、从物资采购到产品销售等主要环节有专门的服务组织来完成，而田间管理靠家庭成员，以扩大服务的规模来弥补土地规模经营的不足。虽然中国式家庭农场有微型、小型、中型、大型的家庭农场之分，但这是经营规模与家庭特点相匹配的结果。

第三节　家庭农场规划

规划是指进行比较全面的长远的发展计划，是对未来整体性、长期性、基本性问题的思考和设计未来整体行动方案。规划有其相应的原则要遵循，同时也要按一定的方法与步骤进行。不同规划对象与目的，应有不同的规划原则与方法。所以，家庭农场规划必须按照其特定的原则、方法与步骤来进行，以确保规划方案具有科学性、客观性与可行性，有利于农场的建设和可持续发展。

一、家庭农场规划遵循的基本原则

1. 提高农业效益原则

家庭农场是在加快城市化进程、转变社会经济发展思路、推动农业转型升级背景下的农业发展新模式，是实施土地由低效种植向高度集成和综合利用，以适应城市发展、市场需求、多元投资并追求效益最大化的有效途径。因此，规划布局应充分考虑家庭农场的经营效益，实现农场开发的产业化、生态化和高效化，达到显著提高农业生产效益、增加经营者收入的目的。

2. 充分利用现有资源原则

一是充分利用现有房屋、道路和水渠等基础设施。根据农场地形地貌和原有道路水系实际情况，本着因地制宜、节省投资的原则，以现有的场内道路、生产布局和水利设施为规划基础，根据家庭农场体系构架、现代农业生产经营的客观需求，科学规划农场路网、水利和绿化系统，并进行合理的项目与功能分区。各项目与功能分区之间既相对独立，又互有联系。农场一般可以划分为生产区、示范区、管理服务区、休闲配套区。二是充分利用现有的自然景观。尽量不破坏家庭农场域内及周围已有的自然园景，如农田、山丘、河流、湖泊、植被、林木等原有现状，谨慎地选择和设计，充分保留自然风景。

3. 优化资源配置原则

优化配置道路交通、水利设施、生产设施、环境绿化及建筑造型、服务设施等硬件；科学合理利用优良品种、高新技术，构建合理的时空利用模式，充分发挥农业生产潜力；合理布局与分区，便于机械化作业，并配备适当的农业机械设备与人员，充分发挥农机的功能与作业效率。此外，为方便建设，节省投资，建筑物和设施应尽量相对集中和靠近分布，以便在交通组织、水电配套和管线安排等方面统筹兼顾。

4. 充分挖掘优势资源原则

认真分析家庭农场的区位优势、交通优势、资源优势、特色产品优势，以及农场所在地光、温、水、土等方面的农业资源状况，并以此为基础，合理安排家庭农场的农作物种植、畜禽养殖的特色品种、规模以及种养搭配模式，以充分利用农业资源和挖掘优势资源；在景观规划上，充分利用无机的、有机的、文化的各种视觉事物，布局合理，分布适宜，均衡和谐，尤其在展示现代化设施农业景观方面以达到最佳效果，充分挖掘农场现有自然景观资源。

5. 因地制宜原则

尽可能地利用原有的农业资源及自然地形，有效地划分和组织全场的作业空间，确定农场的功能分区，特别是原有的基础设施，包括山塘、水库、沟渠等，尽可能保持、维护，以节省基础性投资；要尊重自然规律，坚持生态优先原则，保护农业生物多样性，减少对自然生态环境的干扰和破坏。同时，通过种植模式构建、作物时空搭配来充分展示农场自然景观特色。

6. 可持续性原则

以可持续发展理论为指导，通过协调的方式将对环境的影响减少到最小，本着尊重自然的科学态度，利用当地资源，采取多目标、多途径解决环境问题，最终目标是建立一个具有永续发展、良性循环、较高品质的农业环境。要实现这一规划目标，必须以可持续性原则为基础，适度、合理、科学地开发农业资源，合理地划分功能区，协调人与自然多方面的关系，保护区域的生命力和多样性，走可持续发展之路。

二、家庭农场规划方法

王树进针对农业园区的规划提出了“四因规划法”。家庭农场规划设计可以参照此方法进行。四因规划，即因地制宜、因势利导、因人成事、因难见巧。在此基础上，我们认为家庭农场可以采用5种方法进行规划。

1. 因地制宜

掌握农场规划地块本身及周边的地形地貌、乡土植被、土壤特性、气候资源、水源条件、排灌设施、耕作制度、交通条件等具体情况，以制定场区规划。因此，因地制宜规划法则，要求在规划工作前期，深入了解农场地块及周边的自然地理环境、农业现状和基础建设条件，获得重要的基础数据，以保证规划方案具有较强操作性。

2. 因势利导

农场本身就是一个系统，根据系统工程原理，系统功能由其内在的结构来决定，而系统能否发展壮大，由其内在结构因素和外部因素共同决定。外部因素通常包括经济周期、科技发展趋势、政府宏观政策、行业发展状况等。因势利导法则要求在规划时，综合分析社会进步、经济发展、科技创新、市场变化的大趋势，国内外相关行业的总趋势，研究政府的意志和百姓的意愿，对农场进行战略设计和目标定位。在此基础上，对农场进行功能设计和项目规划，保证农场发展在一定时期内具有先进性和前瞻性。

3. 因人成事

农场主体属地化特征和区域优势农产品影响较大，要求在组织管理体系和运营机制的设计中，要把科学管理的一般原理和地方行政、地方文化相结合。应用因人成事规划法则，要求在规划过程中要研究规划实施主体及其内外关系、相互关系，通过反复征求项目实施主体对规划方案的意见，甚至可以把规划实施的主要关系人纳入到规划团队中，使规划方案变成他们自己的决策选择。

4. 因难见巧

主要强调规划成果要解决项目的发展难题提出一个可行方案。要求农场规划者要有更高的视野来设计农场的目标和功能，在规划过程中自觉运用系统工程的思想和方法，积极思考，勇于创新，通过反复调查、研究、策划、征询、论证、提高，锤炼出既有前瞻性又有可操作性的农场建设和运营方案。

5. 因事制宜

主要针对农场定位、场内项目的规划、功能分区以及景观设计等而言。根据农场所在区域特征、资源优势以及业主的要求确定农场的主题。如果是休闲农场，也应有其鲜明的主题和特色；如果是单一种植农场、养殖农场，也应有其主要品种与规模；如果是综合性农场，是生产性的还是科技展示抑或多功能复合性的，必须考虑各个功能分区布局以及其适宜的组配模式。因此，在确定农场主题的前提下，应该根据场内实际条件，科学合理规划场内分区、功能项目、景观营造等，确保农场的规划符合业主要求，科学合理，同时操作性强。

三、家庭农场规划的基本步骤

进入农场规划的前提是农场投资者或经营者做好了相关准备工作，例如在农场选址、规模、发展定位、发展方向，以及初步投资意愿等方面作了较充分的考虑。在此基础上，选择规划单位进行规划设计。规划单位的选择应充分考虑单位水平、规划人员的文化背景和规划经验。在双方达成正式协议后，开始进入实质性规划阶段。

（一）调查研究阶段

1. 规划（设计）方在农场经营者或投资者邀请下进行考察

了解农场用地的自然环境状况、区位特点、特色资源、规划范围、收集与农场有关的自然、历史和农业背景资料，对整个农场内外部环境状况进行综合分析。

（1）基础条件。对家庭农场规划场地的作物种植状况、土地流转情况、区域界限、各类型土地面积、地形状况和场地所在地区的气候和土肥情况、水资源的分布与储量状况进行调查，确定该地区所适合种植的农业作物的种类，并根据场地地形地势的差异合理布置作物的种植区域。了解地区的基础设施状况，包括农场所在地交通状况、水利设施、水电气情况等方面。同时，还可以了解地区的环境质量状况，水体、土地的污染程度等，为今后的改善和治理工作打下基础。

（2）社会经济发展状况。家庭农场的发展是以地区的经济水平为基础的，一方面家庭农场的开发需要地方经济的支持，另一方面当地经济的发展能带动家庭农场各产业的发展。因此，在规划初期一定要结合地区的经济发展状况确定家庭农场的类型和规模，这样不仅能节约投资，还能避免造成资源的浪费和对环境的破坏。

2. 市场调研

明确市场供求现状和发展前景，是选择项目方向的重要前提。首先要明确调研目标，制定调研方案，然后组织调查，收集基础资料，通过实地调查和分析研究，提出调研报告。

（1）市场供求状况。农产品规模化生产后，还应投入到市场中，确定农产品的市场经济价值，只有生产具有市场经济价值的农产品，才能产生更好的经济效益。因此在规划前期应对当前农产品市场的发展趋势进行预测，确定具有投资潜力的农产品种类，这将有助于家庭农场生产规划的顺利进行。市场的选择大多是对应本地区或是本地区周边省市，但对于本身基础较好，经济实力较雄厚的家庭农场也可以面向全国，甚至国外市场。

（2）投资经济效益分析。根据市场调查数据的统计分析，结合农场的建设背景和市场容量，确定家庭农场的开发规模和建设项目，从而预测出家庭农场建设的投资成本和收益利润，为农场的顺利建设提供保障。

3. 提出规划纲要

特别是主题定位、区位分析、功能表达、项目类型、时间期限、建设阶段、资金预算及投入产出期望等。

（二）资料分析研究阶段

（1）分析讨论后定下规划的框架并撰写可行性论证报告，即纲要完善阶段。一般包括农场名称、规划地域范围、规划背景、场内布局与功能分区、时间期限、建设阶段、投资估算与效益分析等内容。

（2）农场经营者和规划（设计）方签订正式合同或协议，明确规划内容、工作程序、完成时间、成果等事宜。

（3）规划（设计）方再次考察所要规划的项目区，并初步勾画出整个农场的用地规划布置，保证功能合理。

（三）方案编制阶段

1. 初步方案

规划（设计）方完成方案图件初稿和方案文字稿，形成初步方案。图件包括规划设计说明书、平面规划图及各功能区规划图等。

2. 论证

农场经营者和规划（设计）方双方及受邀的其他专家进

行讨论、论证。

3. 修订

规划（设计）方根据论证意见修改完善初稿后形成正稿。

4. 再论证

主要以农场经营者和规划（设计）两方为主，并邀请行政主管部门或专家参加。

5. 方案审批

上级主管及相应管理部门审查后提出审批意见。

（四）形成规划文本阶段

包括规划框架、规划风格、分区布局、道路规划、水利规划、绿化规划、水电规划、通信规划和技术经济指标等文本内容和绘制相应的图纸。文本力求语言精练、表述准确、言简意赅。

（五）施工图件阶段

施工图纸包括图纸目录、设计说明书、图纸、工程预算书等。图纸有场区总平面图，建筑单位的平、立、剖面图，结构、设备施工图等。这是设计的最后阶段，主要任务是满足施工要求，同时做到图纸齐全、明确无误。

第四节　发展家庭农场的价值

家庭农场从制度属性上较接近于农业企业。因为相对于普通农户，家庭农场更加注重农业标准化生产、经营和管理，重视农产品认证和品牌营销理念。在市场化条件下，为了降低风险和提高农产品的市场竞争力，家庭农场更注重搜集市场供求信息，采用新技术和新设备，提升生产高附加值农产品。

一、家庭农场的核心价值

这里所说的“核心价值”，主要指家庭农场在市场上的价值以及农业发展中的特殊地位。家庭农场的主要意义在于进行农业生产的主体大多是农民（或其他长期从事农业生产的人），因此，家庭农场承载着农业现代化进程的重任，并在其中扮演重要角色，同时也要保证在家庭农场中从事生产劳动的农民致富。

分散的小规模农户，在市场中因其常常没有长期经营的品牌和资产，更容易出现“机会主义”。例如，他们为了节约生产成本，增加农产品的产量，在生产过程中有可能使用一些剧毒高残留的农药和化肥，而导致食品安全问题；在农产品进行售卖的过程中，可能出现以次充好，包装上缺斤短两等诸如此类的道德风险，而且在与一些农业销售公司或者龙头企业签订合同时，有可能出现做出承诺，实际上却不好好履行合同；享受了合同公司的种子、化肥、农药供应等优惠措施以后，在签订协议后却并不尽心尽力地搞好栽培技术和田间管理。

二、建立农场核心价值的方式

（一）商品化、标准化生产

小规模农户的生产及经营规模小、专业化、商品化、标准化水平低，是典型的自给自足的生产经营组织，充其量也只是小商品生产者。其生产经营的目的主要是为了自给自足，而不是为了商品交换。可以说是适应于自然经济要求的个体生产者，很难适应现代市场经济的要求，更谈不上在市场经济条件下拥有市场竞争力。

家庭农场随着市场经济的发展而发展，因而是市场经济发展的产物并以市场经济体制为环境条件，以追求利润最大化为目标，同小规模农户生产经营的目的恰好相反，不是为了自给自足，而是为了商品出售。它不仅是名副其实的农产品生产者，更是名副其实的农产品经营者，属于适应于市场经济要求的现代企业组织范畴，尤其是大规模家庭农场，其现代企业特性更加明显。因此，家庭农场不但要扩大生产经营规模，而且要按照较高的专业化、规模化、标准化水平生产。

同时，在商品化生产的基础上，家庭农场要追求现代生产要素融入农场的经营。小规模农户基本上以家庭成员为劳动者，只使用短期的、少量的、偶尔的雇工，且大都没有诸如合同等的契约关系。其生产经营规模一般较小，对传统生产要素如劳动力、资金、土地使用上趋于凝固化。家庭农场在利润最大化的驱动下，对于新技术、新产品、新管理等外界信息反应比较敏感，会不断追求生产要素的优化配置和更新，并以现代机械设备、先进技术、现代经营管理方式等具有规模特性的现代生产要素引入为手段来不断扩大生产经营规模，提高市场竞争力。

（二）找到各自农场的市场定位

每一家家庭农场都有自己的特色，但并非所有的特色都可以成为农场的定位，进而成为利润的来源。

作为家庭农场主，必须决定在什么地方能够创造出差异点，并且这种差异点可以被消费者认识到并且愿意购买它。有的农场采取了传统的生产方式让城里人感觉“返璞归真”，回归真正的田园生活；有的农场采取了现代化的生产设施而让消费者感受到安全、标准化的“现代农业”；也有的农场定位在专一而大规模的农作物生产，用价格和质量征服市场；有的农场采取了多元生产结构用来“东方不亮西方亮”，规避农业风险。只要定位准确，并且有足量的消费者为其买单，这样的定位就是好的。也可以说，家庭农场主找到了农场真正的市场价值。

找到市场定位后，就要设计一系列的措施，包括产品策略、价格策略、渠道策略和促销策略等，去实现其定位。实施这些策略时，要注意尽力去迎合目标消费者的心理认知。消费者的心理活动是复杂而多变的，所以要仔细揣摩消费者的购买和使用心理，品牌管理，在某种程度上就是管理消费者的心理感受。例如，一家割草机公司声称，其产品“动力很大”，故意采取了一款噪声很大的发动机，原因是消费者总以为声音大的割草机动力强劲；一家拖拉机制造商给自己生产的拖拉机的底盘也涂上油漆，这并非必要，原因是消费者会认为这样说明厂商对质量要求精益求精；有的农场生产绿色产品，就采取了环保并可回收利用的包装材料，让消费者感受到农场所呈现出的环保理念是全方位的。

（三）家庭农场要进行品牌化经营

长期以来，我国农民普遍存在“重种植，轻市场”的思想，品牌意识不强。虽然有质量好、品种优的农副产品，但由于市场知名度和竞争力低，或是“养在深闺无人识”，或卖不出好价，或是“增产不增收”，导致经济效益不佳，也挫伤了农民的积极性。如今，随着家庭农场的建立，农场主们无疑要取得市场的认可，农产品市场的出路到底在哪里？质量当然是第一，但是在同等质量的基础上，建立市场品牌是非常必要的。

俗话说：“好酒也要勤吃喝”。只有建立了品牌，有了名称和标识，才能让消费者在万千产品中识别出来，从而制造精品农产品，增加农产品的附加价值及农民的收入。著名品牌策略大师艾·里斯说：“实际上被灌输到顾客心目中的根本不是产品，而只是产品名称，它成了潜在顾客亲近产品的挂钩。”

在激烈的市场竞争中，任何产品都需要注重品牌效应，农副产品也不例外。农场注册了商标，并非意味着开始了品牌化经营。未来的营销是品牌的战争——品牌互争长短的竞争。拥有市场将会比拥有工厂更重要，拥有市场的唯一办法是占市场主导地位的品牌。但是，现在好多农产品的问题在于，农产品生产主要根本没有什么质量和技术要求，只注意蔬菜、水果等产品的新鲜度，很少去对品牌有特殊的注意。不少人认为，只有进入工厂经过生产工艺加工后的产品才是真正的“商品”，而在田间地头的产品就没有那么多的要求，如果谁买个豆角还要看品牌就会成为人们嘲笑或议论的话题。还有很多生产者对于如何提高产品品质根本无严格意义上的实质性举措。生产方式仍然沿袭以往的散户经营，化肥、农药的使用仍无标准可言，产品上市也没有什么包装。这类品牌且不说是否符合健康环保标准，单从外表就让人无法识别，只能凭商贩口里的大声吆喝，不要说走出国门赚取外汇，就是在国内，这类产品的市场前景也让人担忧。

第五节　家庭农场的农业文化

农业文化是在农业生产实践活动中所创造出来的、与农业有关的物质文化和精神文化的总和。我们中国几千年的农业文明，以及在此基础上形成的一整套农业文化体系，是中华文明史的重要组成部分。

一、农业文化的内涵

（一）农业习俗的存续

春种、夏锄、秋收、冬藏以及二十四节气不仅是岁月交替农业生产的节奏，而且是农耕文化的周期。在传统农业社会，乡村的土地制度、水利制度、集镇制度、祭祀制度，都是依据这一周期创立、并为民众自觉遵循的生活模式。民间素有“不懂二十四节气，白把种子种下地”的说法。北方农村的“打春阳气转，雨水沿河边”“清明忙种麦，谷雨种大田”“清明麻，谷雨花，立夏点豆种芝麻”等，就是“顺应天地”的形象表达。这些至今仍广为流传的农谚俗语、具有鲜明的地域特点和乡土本色的农业信仰和仪式、大家所熟知的春节、中秋节、端午节等民俗饮食也是农业民俗文化的重要内容。

（二）农业文化的实体呈现

我国的农业文化的实体内容十分丰富，既包括农作物品种、农业生产工具，也包括农业文学艺术作品、农业自然生态景观等一切与农业生产相关的物质实体文化。不少历史学家发现农具的改进是社会进步和生产力水平提高的标志。但是随着机械化、工业化和现代化进程，那些代表一个时代、一个地域农业发展最高水平的传统农具，正在被抽水机、除草剂、收割机、打谷机、挤奶机等取代。作为传统农耕生活方式的历史记录，水车、风车、舂臼、桔槔、石磨等工具几近“绝种”。

（三）农业哲学理念、价值体系、道德观念

传统中国是一个以农业生产为经济基础的乡土社会，也是熟人社会，人们聚族而居，生于斯、死于斯，彼此之间都很熟悉。从熟人社会中孕育出来的无讼、无为政治、长老统治、生育制度、亲属制度等思想，都体现了农业文化环境下人与人之间遵循的互动规则以及人与人之间和谐相处的风范。在这样的环境下孕育出诚实守信、尊老爱幼、长幼有序、守望相助、互帮互助和热爱家乡等优良传统。这些优秀的传统美德不仅对农民的生活和发展而言是重要的，而且也是全体社会成员幸福的必要条件；这些优秀的传统美德不仅在传统农业社会是必需的，在现代和谐社会的构建中也是不可缺少的；这些优秀的传统美德不仅是社会秩序稳定的基础，也是中华民族进步不竭的精神动力和源泉。

二、建立农业文化的途径

（一）发展参与式农业

家庭农场可以把农业文化的保护传承与增加收入和改善生活联系在一起。家庭农场首先引导向农业的深度发展，这其中包括了提高产品质量，如发展有机农业，农产品的深加工，改变销售方式，形成特色品牌等；家庭农场可以向农业的广度发展，这个广度是充分利用社区的自然资源、农业资源、文化资源、扩展农业的服务领域，其中典型的发展途径就是利用地理、生物和文化的多样性来发展乡村旅游。

（二）发展社区农业

社区农业是近些年农业社会学者提出的一个农业发展和农业保护的新概念。社区农业是指依据农业与农村的多功能原理，充分利用社区资源形成的综合性农业。

家庭农场因为拥有当地农业资源，如果能够挖掘传统农业资源，如种质资源、传统农具、传统技术、乡土知识、生活场景等，通过对农业的生物多样性和文化多样性的挖掘，比如，在家庭农场中种植和收获中，民俗、节日庆典等文化形式体现乡土文化，就可以吸引周围社区消费者参与其中。农场还利用独特的资源、文化传统，发掘社区资源的价值，重新整合利用田园景观、农村风貌、自然生态环境；农业生产工具、农业劳动方式、农业技术、循环利用、乡土知识、农家生活、风俗习惯、民间信仰资源，如沿海地区的“渔村”、东北地区的“猎民村”、城市郊区的“豆腐村”，可以把向自然攫取食材、饮食与饮食文化、传统食品加工制作工艺、食品加工工具、当地民俗与生活方式等有机融合在一起。发挥农业文化的价值，并使其得到有效利用，使农业文化得以保护传承。

第六节　家庭农场的经营模式

新型农业经营主体是我国构建集约化、专业化、组织化、社会化相结合的新型农业经营体系的核心载体。现阶段，我国新型经营主体主要包括专业大户、家庭农场、农民专业合作社、农业企业等。在我国新型农业经营体系中，各类经营主体具有怎样的地位，扮演什么角色，发挥什么功能等相关研究尚不深入。如何协调各主体之间的关系，也就成为一个挑战。

我们认为，家庭农场作为专业大户的“升级版”，主要面临着与农民专业合作社和农业企业的关系处理问题。

一、家庭农场+农业企业

农业龙头企业在家庭农场发展过程中可能发挥的作用是，作为公司可以应对高昂的信息成本、技术风险，降低专用性资产投资不足，提高合作剩余。龙头企业可以和家庭农场或者合作社，来进行合作经营，或者是“企业+订单农业”方式，成为农业经营方式上的创新。事实上，由于家庭农场的规模性以及对产品质量和品牌的关系，龙头企业都希望与家庭农场进行合作。

广东温氏食品集团有限公司也采取了“公司+农户”模式，以外部组织的规模收益相对有效地克服了小农经营规模不经济的弊端。并开始采取“公司+家庭农场”生产经营模式化解了“公司+农户”下的利益分配难题，实现了龙头企业与农户间更紧密的联结机制，创新了现代农业经营方式。

二、家庭农场+合作社

目前，农民组织化程度低的重要原因在于分散的小农户缺乏组织起来的驱动力，培育家庭农场为农民的组织化提供了基础。家庭农场具有较大规模，刺激农户合作的需求。合作社是实现农民利益的有效组织形式，之后我国颁布了《农民专业合作社法》，但是，并没有显著激发农民的合作行为，其中小规模的生产方式是限制农民合作需求的主要原因之一，因为小规模的农户经营加入合作社与否，并不能带来明显的利益。家庭农场则不同，加入合作社与否对其利益的获得具有显著影响，合作的需求就会被激发出来。

家庭农场与小农户生产的区别不仅表现在经营规模上，而且表现在现代化的合作经营方式上。家庭农场是农民合作的基础和条件。家庭农场为集约化经营创造了条件，家庭农场的专业化经营通过合作社的经营得以实现。就从农产品的市场营销而言，一个家庭农场打一个品牌是很困难的，这就需要农场之间的联合，需要形成具有组织化特征的新型农产品经营主体，需要合作社去把家庭串起来。组织化和合作社主要解决小生产和大市场的矛盾，当然也解决标准化生产、食品安全和适度规模化的问题，各类家庭农场在合理分工的前提下，相互之间配合，获得各自领域的效益，这样它就可以和市场对接，形成一种气候和特色。

为促进家庭农场的可持续发展，家庭农场主之间存在合作与联合的动力，家庭农场也可以不断和其他生产经营主体融合。例如，形成“家庭农场+合作社”“家庭农场+家庭农场协会”和“家庭农场+家庭农场主联社”的形式，以推进农资联购、专用农业机械的调剂、农产品培育、销售及融资等服务的开展。

例如，山东省就出台了“家庭农场办理工商登记后，可以成为农民专业合作社的单位成员或公司的股东”，以及“农村家庭成员超过 5 人，可以以自然人身份登记为家庭农场专业合作社”等相关规定。

三、家庭农场+合作社+龙头企业模式

“家庭农场+合作社+龙头企业”模式也是适宜家庭农场发展一种较好的模式选择，它能够把龙头企业的市场优势及专业合作社的组织优势有效结合起来，可以兼顾农户及龙头企业双方的利益，同时借助专业合作社的组织优势，提升家庭农场在市场中的地位。目前，这种模式普遍存在，在专业合作社较弱、缺乏加工能力的条件下，可以选用这样模式，将家庭农场有效组织起来，构建产加销一体化的产业组织体系，实现多赢的效果。

四川新希望集团就在进行类似的组织创新，他们扩展“公司+合作组织+农场主+农户”模式，变成了“农业服务员”，一是为农业组织服务，帮助家庭农场发展，并组建更多的农业合作社；二是努力成为提供技术、金融、加工生产和市场等各种农业服务的综合服务商。

第七节　农产品市场的相关概念

一、农产品市场概述

（一）市场的含义

市场的定义有狭义和广义之分。狭义的市场指商品交换的场所；广义的市场，是指各种交换关系的总和。

（二）市场营销的含义

美国著名营销学家菲利普·科特勒认为：市场营销是个人和群体通过创造并同他人交换产品和价值，以满足需求和欲望的一种社会过程和管理过程。

(三)农产品市场的含义

农产品市场可以从广义和狭义两个角度进行定义。狭义的农产品市场是指进行农产品所有权交换的具体场所；广义的农产品市场是指农产品流通领域交换关系的总和。

(四)农产品营销的含义

关于农产品营销，可以这样定义，“农产品营销是指将农产品销售给第一个经营者的营销过程”“第一个经营者到最终消费者的运销经营过程”。

(五)农产品的特征

家庭农场营销管理的特征取决于农产品的特征。

1. 商品特性

农产品的商品特征主要体现在易腐性、易变性。农产品很容易腐烂变质，不易储存，大大缩短了农产品的货架期。

2. 供给特征

农产品供给具有较大的波动性，其原因如下。

(1)农产品生产受自然条件影响大，生产的季节性，年度差异性和地区性十分明显。丰年农产品增产，供给量增加会导致市场价格下降；反之，歉收年会出现供给量不足，引起市场价格上升。

(2)农产品生产周期较长，不能随时根据需求的变化来调整供给量，事后调整又容易导致激烈的价格波动。

3. 消费特性

农产品大多数直接满足人类的基本生活需要，其消费需求具有普遍性、大量性和连续性等特点，需求弹性一般较小。

（六）农产品营销的特征

1. 营销产品的生物性、自然性

农产品的含水量高，保鲜期短，易腐败变质。农产品一旦失去鲜活性，价值就会大打折扣。

2. 农产品供给季节性强

绝大多数农产品的供给带有明显的季节性，但需求却往往是常年性的，因此，农产品市场供求的季节性矛盾比较突出，收获季节往往滥市，非收获季节却十分畅销。因此，要求企业做好生产技术和贮藏技术的创新，调节季节供求矛盾。

3. 消费者数量众多、市场需求比较稳定、连续购买

第一，每个人都必须消费农产品，特别是像我们这样的人口大国，每天消费的农产品数量是相当惊人的。因此，从总体上讲，农产品具有非常广阔的市场。第二，相当一部分农产品是满足人们的基本生活需要的，因此，这部分市场需求是比较稳定，经营这类农产品市场风险相对较少，收益也相对稳定。第三，农产品大多属于非耐用商品，贮存比较困难，消费者对农产品的新鲜度要求较高，因而农产品的购买频率比较高。

4. 政府宏观政策调控的特殊性

农业是国民经济的基础，农产品关系到人民生存、社会稳定和国家安全。农产品生产具有分散性，竞争力比较弱，政府需要采取特殊政策来扶持农产品的生产和经营。

二、家庭农场市场竞争特点

随着社会经济的发展，家庭农场逐渐向适度规模经营转变，出现了众多的农业龙头企业，消费者对农产品的需求也在不断地变化，农产品市场出现了不完全竞争的结构特征。

（一）家庭农场适度规模经营逐渐开展

由于现代科学技术的广泛应用，家庭农场需要投入的资金、技术、管理等要素在数量和质量上都比以往有了更高的要求，生产规模较小、无规模效益的企业因实力不足很难满足这些要求，农产品生产逐渐向农业龙头企业集中。

（二）农产品的差异性越来越明显

随着人们生活水平的提高，消费者对农产品的需求呈现出多样化、个性化的特征，同质的农产品已经不能有效地满足消费者的不同需求，这使得家庭农场必须采用新技术、开发新产品以及利用各种营销策略来形成产品差异，从而提高产品的市场占有率。

（三）市场进入门槛逐渐提高

农业生产技术的提高和生产规模的扩大使得新进入者需要投入更多资金、技术以及其他资源，增加了进入的难度。

（四）农产品市场信息不完全

家庭农场对农产品市场信息的了解存在一定的局限性，影响了生产经营决策的科学性和准确性。

第八节　家庭农场的财务管理

一、财务管理的含义

资金是家庭农场进行生产经营的基本要素，对家庭农场的生存和发展具有举足轻重的作用。家庭农场在生产经营的过程中，不断地发生资金的流入和流出，与有关各方发生资金的往来和借贷关系。围绕现金的收入和支出形成了家庭农场的财务活动和各种财务关系，财务管理就是组织家庭农场财务活动，处理家庭农场财务关系，为家庭农场的生存和发展提供资金支持的一种综合性的管理活动。具体说，家庭农场财务活动包括家庭农场筹资引起的财务活动、家庭农场投资引起的财务活动、家庭农场经营引起的财务活动和家庭农场分配引起的财务活动；家庭农场的财务关系包括家庭农场同其所有者之间的财务关系、家庭农场同其债权人之间的财务关系、家庭农场同其被投资单位之间的财务关系、家庭农场同其债务人之间的财务关系、家庭农场与职工的财务关系、家庭农场内部各单位的财务关系等。

二、财务管理的目标

明确财务管理的目标，是做好财务工作的前提。财务管理是家庭农场生产经营过程中的一个重要方面，财务管理的目标应该服从和服务于家庭农场的总体目标。家庭农场财务管理的目标可分为整体目标、分部目标和具体目标。整体目标是指整个家庭农场财务管理所要达到的目标，整体目标决定着分部目标和具体目标，决定着整个财务管理过程的发展方向。家庭农场财务管理的整体目标在不同的经济模式和组织制度条件下有着不同的表现形式，主要有 4 种模式。

（一）以总产值最大化为目标

产值最大化，是符合计划经济体制的一种财务管理目标。家庭农场财务活动的目标是保证总产值最大化对资金的需要。追求总产值最大化，往往会导致只讲产值、不讲效益，只讲数量、不讲质量，只抓生产，不抓销售等严重后果，这种目标已经不符合市场经济的要求。

（二）以利润最大化为目标

利润代表了家庭农场新创造的财富，利润越多，家庭农场财富增长越快。在市场经济条件下，家庭农场往往把追求利润最大化作为目标，因此，利润最大化自然也就成为家庭农场财务管理要实现的目标。以利润最大化为目标，可以直接反映家庭农场所创造的剩余产品多少，可以帮助家庭农场加强经济核算、努力增收节支，以提高家庭农场的经济效益，可以体现家庭农场补充资本、扩大经营规模的能力。但是，利润最大化目标没有考虑利润实现的时间以及伴随高报酬的高风险，没有考虑所获利润与投入资本额之间的关系，可能导致家庭农场财务决策带有短期行为倾向。因此，利润最大化也不是家庭农场财务管理的最优目标。

（三）以股东财富最大化为目标

在股份制经济条件下，股东创办家庭农场的目的是增长财富。股东是家庭农场的所有者，是家庭农场资本的提供者，其投资的价值在于家庭农场能给他们带来未来报酬。股东财富最大化是指通过财务上的合理经营，为股东带来更多的财富。股东财富由其所拥有的股票数量和股票市场价格两方面来决定，在股票数量一定的前提下，当股票价格达到最高时，则股东财富也达到最大。

股东财富最大化的目标概念比较清晰，因为股东财富最大化可以用股票市价来计量；考虑了资金的时间价值；科学地考虑了风险因素，因为风险的高低会对股票价格产生重要影响；股东财富最大化一定程度上能够克服家庭农场在追求利润上的短期行为，因为不仅目前的利润会影响股票价格，预期未来的利润对家庭农场股票价格也会产生重要影响；股东财富最大化目标比较容易量化，便于考核和奖惩。追求股东财富最大化也存在一些缺点：它只适用于上市公司，对非上市公司很难适用。股东财富最大化要求金融市场是有效的；股票价格并不能准确反映家庭农场的经营业绩。

（四）以家庭农场价值最大化为目标

家庭农场的存在和发展，除了股东投入的资源外，和家庭农场的债权人、职工，甚至社会公众等都有着密切的关系，因此，单纯强调家庭农场所有者的利益而忽视利益相关的其他集团的利益是不合适的。家庭农场价值最大化是指通过家庭农场财务上的合理经营，采用最优的财务政策，充分考虑资金的时间价值和风险报酬的关系，在保证家庭农场长期稳定发展的基础上使家庭农场总价值达到最大。

家庭农场财务管理的分部目标可以概括为家庭农场筹资管理的目标、家庭农场投资管理的目标、家庭农场营运资金管理的目标、家庭农场利润管理的目标。

三、财务管理的内容

家庭农场财务管理就是管理家庭农场的财务活动和财务关系。财务活动是指资本的筹资、投资、资本营运和资本分配等一系列行为。具体包括筹资活动、投资活动、资本营运和分配活动。

（一）筹资活动

筹资活动，又称融资活动，是指家庭农场为了满足投资和资本营运的需要，筹措和集中所需资本的行为。筹资活动是家庭农场资本运动的起点，也是投资活动的前提。家庭农场筹资可采用两种形式：一是权益融资，包括吸收直接投资、发行股票、内部留存收益等；二是负债融资，包括向银行借款、发行债券、应付款项等。

家庭农场筹资时，应合理确定资本需要量，控制资本的投放时间；正确选择筹资渠道和筹资方式，努力降低资本成本；分析筹资对家庭农场控制权的影响，保持家庭农场生产经营的独立性；合理安排资本结构，适度运用负债经营。

（二）投资活动

投资活动是指家庭农场预先投入一定数额的资本，以获得预期经济收益的行为。家庭农场筹集到资本后，为了谋取最大的赢利，必须将资本有目的地进行投资。投资按照投资对象可分为项目投资和金融投资。项目投资是家庭农场通过购置固定资产、无形资产和递延资产等，直接投资于家庭农场本身生产经营活动的一种投资行为。项目投资可以改善现有的生产经营条件，扩大生产能力，获得更多的经营利润。进行项目投资决策时，要在投资项目技术性论证的基础上，建立科学化的投资决策程序，运用各种投资分析评价方法，测算投资项目的财务效益，进行投资项目的财务可行性分析，为投资决策提供科学依据。金融投资是家庭农场通过购买股票、基金、债券等金融资产，间接投资于其他家庭农场的一种投资行为。金融投资通过持有权益性或者债权性证券来控制其他家庭农场的生产经营活动，或者获得长期的高额收益。金融投资决策的关键是在金融资产的流动性、收益性和风险性之间找到一个合理的均衡点。

家庭农场投资时，应研究投资环境，讲求投资的综合效益。一是预测家庭农场的投资规模，使之符合家庭农场需求和偿债能力；二是确定合理的投资结构，分散资本投向，提高资产流动性；三是分析家庭农场的投资环境，正确选择投资机会和投资对象；四是研究家庭农场的投资风险，将风险控制在一定限度内；五是评价投资方案的收益和风险，进行不同的投资组合等。

（三）资本营运活动

家庭农场在日常生产经营过程中，从事采购、生产和销售等经营活动，就要支付货款、工资及其他营业费用；产品或商品售出后，可取得收入，收回资本；若现有资本不能满足家庭农场经营的需要，还要采取短期借款方式来筹集所需资本。家庭农场这些因生产经营而引起的财务活动就构成了家庭农场的资本营运活动。营运资本管理是家庭农场财务管理中最经常的内容。

营运资本管理的核心，一是合理安排流动资产和流动负债的比例，确保家庭农场具有较强的短期偿债能力；二是加强流动资产管理，提高流动资产周转效率；三是优化流动资产和流动负债内部结构，确保营运资本的有效运用等。

（四）分配活动

家庭农场通过生产经营和对外投资等都会获取利润，应按照规定的程序进行分配，分配具有层次性。家庭农场通过投资取得的收入首先要用以弥补生产经营耗费，缴纳流转税，其余部分为家庭农场的营业利润；营业利润与投资净收益、营业外收支净额等构成家庭农场的利润总额。利润总额首先要按照国家规定缴纳所得税，税后净利润要提取公积金和公益金，分别用于扩大积累、弥补亏损和改善职工集体福利设施，其余利润作为投资者的收益分配给投资者，或者暂时留存家庭农场，或者作为投资者的追加投资。

上述四大财务活动相互联系、相互依存，财务管理的内容按照财务活动的过程分为筹资管理活动、投资管理活动、营运资金管理活动和利润分配管理活动 4 个主要方面。

第十二章　新型职业农民的创业

所谓“三农”问题，是指农业、农村、农民这三大问题。中国是一个农业大国，农村人口接近9亿人，占全国人口70%；农业人口达7亿人，占产业总人口的50.1%。“三农”问题的解决必须考虑农业自身的体系化发展，还必须考虑三大产业之间的协调发展。“三农”问题的解决关系重大，不仅是农民兄弟的期盼，也是目前党和政府关注的大事。

按照“坚持以人为本，加强农业基础，增加农民收入，保护农民利益，促进农村和谐”的目标和取向，利用好农业政策平台是农业创业者必走的“捷径”。其特点是操作性强，导向明确，重点突出，受益面大。在这个情况下，农业创业者则面临着前所未有的政策机遇，这些优惠的农业政策为农业创业者进行创业，提供了良好的创业机会。

第一节　现代农业发展带来创业机遇

现代农业是人类社会发展过程中继传统农业之后的一个农业发展新阶段。其内涵是以统筹城乡社会发展为基本前提，以“以工哺农”的制度变革为保障，以市场驱动为基本动力，用现代工业装备农业、现代科技改造农业、现代管理方法管理农业、健全的社会化服务体系服务农业，实现农业技术的全面升级、农业结构的现代转型和农业制度的现代变迁，使农业成为现代产业部门的一个重要组成部分和支撑农村社会繁荣稳定的产业基础。

一、现代农业的基本特征

与传统农业相对应，现代农业发展的基本特征主要表现如下。

（1）彻底改变传统经验农业技术长期停滞不变的局面。农业生产经营中广泛采用以现代科学技术为基础的工具和方法，并随现代科学技术的发展不断改造升级，同时农业技术的发展也促使农业管理体制、经营机制、生产方式、营销方式等不断创新，因而现代农业是以现代科技为支撑的创新农业。

（2）突破传统农业生产领域。农业历来仅局限于以传统种植业、畜牧业等初级农产品生产为主的狭小领域。随着现代科技在诸多领域的突破，现代农业的发展将由动植物向微生物、农田向草地森林、陆地向海洋、初级农产品生产向食品、生物化工、医药、能源等方向不断拓展，生产链条不断延伸，并与现代工业融为一体，因而现代农业是由现代科技引领的宽领域农业。

（3）突破传统农业生产过程完全依赖自然条件约束。通过充分运用现代科技及现代工业提供的技术手段和设备，使农业生产基本条件得以较大改善，抵御自然灾害能力不断增强，因而现代农业是用现代科技和工业设备武装、具有较强抵御灾害能力的设施农业、可控农业。

（4）突破传统自给自足的农业生产方式及农业投入要素仅来源于农业内部的封闭状况。现代农业普遍采用产业化经营的方式，投入要素以现代工业产品为主，工农业产品市场依赖紧密，农产品市场广阔，交易方式先进，农业内部分工细密，产前、产中及产后一体化协作，投入产出效率高，因而现代农业是以现代发达的市场为基础的开放农业、专业化农业和一体化农业、高效益农业。

（5）改变传统粗放型农业增长方式。农业发展中能够有效实现稀缺资源的节约与高效利用，同时更加注重生态环境的治理与保护，使经济增长与环境质量改善协调发展，因而现代农业是根据资源禀赋条件选择适宜技术的集约化农业、生态农业和可持续农业。

二、现代农业的发展趋势

我国是个农业大国。根据世界农业的走势和我国农业发展现状，专家认为未来我国农业生产将呈现五大趋势。

（1）从“平面式”向“立体式”发展。利用各种农作物在生长过程中的“时间差”和“空间差”进行各种综合技术的组装配套，充分利用土地、光照和作物、动物资源，形成多功能、多层次、多途径的高产高效优质生产模式。

（2）从纯农业向综合企业发展。以集约化、工厂化生产为基础，以建设人与自然相协调的生态环境为长久的目标，集农业种植、养殖，环境绿化，商业贸易，观光旅游为一体的综合企业，引发了“都市农业”的兴起。

（3）从单纯生产向种植、养殖、加工、销售、科研一体化发展。变单纯的生产企业为繁殖、养殖、生产、贮藏、加工、销售一条龙产业化企业。甚至许多企业都有自己的研究机构，研究项目，兴起了一批产业化的龙头企业。

（4）从机械化向电脑自控化、数字化方向发展。农业机械化的发展，在减轻体力劳动，提高生产效率方面起到了重大作用。电子计算机的应用使农业机械装备及其监控系统迅速趋向自动化和智能化。计算机智能化管理系统在农业上的应用，将使农业生产过程更科学、更精确。带有电脑、全球定位系统（GPS），地理信息系统（GIS）及各种检测仪器和计量仪器的农业机械的使用，将指导人们根据各种变异情况实时实地采取相应的农事操作，这些赋予农业数字化的含义。

（5）从土地向工厂、海洋、沙漠、太空发展。生物技术，新材料、新能源技术、信息技术使农业脱离土地正在成为现实，实现了工厂化，出现了白色农业、蓝色农业，甚至在未来出现太空农业。

三、现代农业发展带来新机遇

要加快现代农业建设，用先进的物质条件装备农业，用先进的科学技术改造农业，用先进的组织形式经营农业，用先进的管理理念指导农业，提高农业综合生产能力。以上几点要求是建设现代农业的主要内容。今天，农业创业者是幸运者，碰到了前所未有的历史机遇，而这些机遇主要来自于我国农业本身的发展。这些机遇主要包括以下几个方面。

（一）新型城乡关系推动农业创业者有所作为

新型的城乡关系是相对于以前城乡分割、工农对立的“二元结构”城乡关系而言，指的是按照统筹城乡发展的思路，“以城带乡、以工促农、城乡互动、协调发展”的相互融合城乡关系。通过城乡生产力合理布局、城乡就业的扩大、城乡基础设施建设、城乡社会事业发展和社会管理的加强、城乡社会保障体系的完善，达到固本强基的目的。加快农村工业化、城镇化和农业产业化进程，加快中心镇建设，加大农村劳动力转移力度，努力增加农民收入，促进农业农村经济稳定发展，使农业步入一个自我积累、良性循环的发展道路。目前，我国已经步入了工业反哺农业的发展阶段，工业化的经营理念导入农业领域，农业创业者必然会有所作为。

（二）现代化的农业生产条件促使农业创业者大有可为

现代化的农业生产条件主要是农业技术装备和现代农业科

技，包括以下几个方面。

（1）现代化手段和装备带来了巨大的效益。农业机械化给农业注入了极大的活力，大大地节约了劳动力，促进了城市化进程，也促进了第二、第三产业的发展。如联合收割机、播种机、插秧机、机动脱粒机等农业机械化手段，极大程度地提高农业劳动生产率；电气化可使农牧业的生产、运输、加工、贮存等整个过程实现机械操作，大大提高劳动生产率。

（2）农业科学技术的进步，提高了农业集约化程度。例如，良种化对农业增产有显著效果；农业化学化不仅增加土壤养分、除草灭虫、提供新型农业生产资料（如塑料薄膜等），还为免耕法的实施创造条件；“四大工程”（种子工程、测土配方施肥工程、农产品质量安全工程、公共植保工程）的实施，推动农业可持续发展，逐步实现农业现代化，稳步提高了农业综合生产能力。

（3）农业生产管理过程数字化。计算机在农业中的应用，使农业由“粗放型”向“数字型”过渡。如各种分辨率的遥感、遥测技术，全球定位系统、计算机网络技术、地理信息技术等技术结合高新技术系统等，应用于农、林、牧、养、加、产、供销等全部领域，在很多地方出现了“懒汉种田”“机器管理”的新局面。

（4）新的农业生物工程技术的发展，使农业由“化学化”向“生物化”发展，减少化学物质、农药、激素的使用，转变为依赖生物技术、依赖生物自身的性能进行调节，使农业生产处于良性生物循环的过程，使人与自然在遵循自然规律的前提下协调发展。这些无疑将会引起今后农业的革命性变化，农业创业者将会大有可为。

（5）农业经营主体组织化、产销一体化激发农业创业者敢于作为。围绕农业的规模化、专业化、产业化发展的需要，各个地方紧抓龙头企业和农村经济合作组织，提升农业产业化水平。在经营的主体方面涌现出大批带动能力强、辐射面广、连接农民密切的农民协会或合作经济组织，这些组织的表现形式主要为：生产基地带动型、龙头企业带动型、专业大户带动型的农业企业和家庭农场迅速崛起，把千家万户的农民组织起来，提高了经营主体的地位，在流通过程中体现为“公司+基地+农户”“公司+农户”，把农产品的生产、加工、销售过程连接在一起，按照“风险共担，利益均沾”的原则，让农业经营者能够在农产品从生产到销售的各个环节分享到利润，这样农业创业者就必然敢于作为。所以加快农业产业化进程，以做大农业产业化龙头企业为重点，不断提高农业市场化、规模化、组织化和标准化水平，充分发挥农民专业合作经济组织职能，引导农业农村经济健康有序发展成为农业创业者的重要活动内容。

第二节　创业要素

创业是创建企业的一个过程，那么，企业所需具备的要素也就成为创业的要素。管理学认为，企业可以看做是一个由人的体系、物的体系、社会体系和组织体系组成的协作体系，因此人的因素、物的因素、社会因素和组织因素就构成创业的要素。

一、人的要素

人是创业活动的主体，创业离不开人，而人的要素又包括以下内容。

（一）创业者

创业者可以是一个人，也可以是一个团队。创业对于创业者来说，就是一种行为。我们知道，人的行为背后存在动机，而动机又是由需要引起的。有的研究人员将创业产生的动因归纳为：争取生存的需要；谋求发展的需要；获得独立的需要；赢得尊重的需要；实现自我价值的需要。这种归纳方法同样适用于对创业动机的解释。当然，这种对创业产生的动因的归纳方法是否受了需要层次理论的影响，我们不知道；但创业者的动机的确直接影响创业过程，而且创业者的价值观和信念会左右创业内容，影响企业的生存和发展。

（二）企业内部的人际关系

人在社会中不是孤立的个体，而是生活在与他人的关系中，需要与他人互相支撑、互相协作。创业过程中人的因素除了创业者外，还包括企业内部的人际关系。只有处理好这种关系，才能真正发挥团队的作用，形成一个合力，使有限的人力资源发挥更大的作用。

（三）企业外部的人际关系

人的要素还包括企业外部的人际关系。企业不是一个封闭的体系，而是一个开放的系统，它与外部的供应商、客户、当地政府和社区发生相互联系。所以，创业过程中人的因素还包括企业外部的人际关系。

二、物的要素

物的要素也是创业过程中不可缺少的条件。例如一个生产性的企业需要原料、设备、工具、厂房以及运输工具等，然后生产出产品。创业过程中物的要素主要包括以下几项。

（一）资金

世界各国为了鼓励创业活动的开展，纷纷降低了对新创企业注册资金方面的要求和限制；中国也在 1999 年将个人独资企业的注册资金降低到 1 元，可以说只是一个象征性的标准。但是，创业所需的资金远不止这些，技术（或专利）、生产设备、原材料的购买以及人员的雇佣等都需要大量的资金。

（二）技术

提高新创企业中技术含量已经成为一种趋势。从硅谷到中关村，新创企业推出的产品中，高技术产品所占的比例越来越高。

（三）原材料和产品

对于生产型企业而言，创业过程需要原材料和产品，这是一项不言自明的事情。对于从事其他事业的企业来说，同样存在一个由投入到产出的过程。

（四）生产手段

作为介于投入和产出之间的是一个“处理器”，对于企业而言，这种处理器就是生产手段，包括设备、工艺以及相关的人员。

三、社会要素

社会要素也是创业协作体系的一个重要组成部分。创业中的社会要素包括以下两个方面的含义。

（一）社会对创业活动的认可

创业活动必须得到社会的认可。改革开放政策实施以来，创业活动得到蓬勃的发展，一个重要的原因在于社会对创业活动的认可。创业是一个高风险、高回报的活动，如果得不到社会的认可，创业活动不可能顺利进行。

（二）所创造的事业符合社会发展的要求

企业的存在在于它能够为社会提供某种产品或服务，事业就成为企业成立和生存的根本。松下幸之助先生曾经说过，企业需要通过事业来完成社会使命，如果事业得不到社会的认可，那么就说明它没有存在价值。这样的企业还不如让它破产的好，即使是他自己创建的松下电器公司也不例外。

四、组织要素

组织要素是创业协作体系的核心，只有通过组织的作用才能创造新的价值。我们说过，人是所有的管理因素中唯一具有能动性的资源，但是这种能动性要通过组织来实现。具体到创业活动中，组织要素具有以下功能。

（一）决策功能

决策是创业活动中一项重要职能，既包括对创业目的的规定，也包括对实现手段的决定。从创造价值的角度讲，对创业目的的规定显得尤为重要，因为它决定着创业活动的方向，甚至影响企业的发展。

（二）创建组织

创业通常由一个团队来进行，因此需要对团队进行组织和管理，通过分工与协作，有条理地完成创业的相关活动。创建组织既包括组织结构的构建，又包括沟通体系的形成。

（三）激励员工

创业需要最大限度地发挥现有人力资源的作用，那么对参与创业的人员的激励就成为创业活动的一项重要内容。“人心齐，泰山移”，充分调动人的积极性能够产生一种合力，同时会增加创业团队的凝聚力。

（四）领导

创业者在创建企业的过程中，需要扮演多个不同的角色，承担不同的职能，其中，领导的职能无疑是最重要的。“现代管理理论之父”巴纳德（C. I. Barnard）认为，领导的作用在于他能够创造新的价值。只有这样才能维持协作体系的内部均衡和外部均衡。对于创业活动而言，领导的作用是没有任何因素能够取代的。

当然，也可以从不同的角度对创业所需要的条件和要素进行归纳。例如，蒂蒙斯提出了一个创业管理模式，认为成功的创业活动必须在机会、资源与团队三者之间寻求最适当的搭配，并且要随着企业发展而保持动态的平衡。创业流程由机会启动，在取得必要的资源和组成创业团队之后，创业计划方能得以顺利推进。

第三节　创业者精神

创业者精神是创业者的本质。企业家是参与企业的组织和管理的具有创业者精神的人。创业者精神主要包括冒险精神、投机精神、创新精神及实干精神。

（一）冒险精神

企业家是风险承担者。将近300年前，法国经济学家罗伯特·坎狄龙（Robert Cantillon）最早提出这一观点。他认为企业家在经济的运行中起重要作用，他们实际上是在管理风险（Risk）。工人向工厂出卖劳动，企业主把产品拿到市场上去卖。市场上的产品价格是浮动的，而工人领取固定的工资。企业主替工人承担了产品价格浮动的风险。当产品价格跌落时，企业主有可能蒙受损失。而企业的盈利，正是企业主承担风险所获的回报。

（二）投机精神

投机是一种商业行为。它因自利的动机而产生，却在客观上有利他的效果，这正是一切市场经济行为的实质。一些学者认为，企业家是低买高卖的投机者，就是把消费品或原材料从一方低价买进、高价卖出给另一方。每一次的买和卖，都是将产品转移到更需要的人手中（因为“更需要”才愿出更高价）。这是一个资源优化配置的过程。市场经济的作用体现于此，企业家的慧眼也表现于此。

（三）创新精神

什么是创新呢？新产品、新的生产方式、新的市场、新的供货渠道，以及建立或打破垄断地位等都是创新。苹果电脑公司的发起人是企业家，因为他们推出了新产品；亨利·福特是企业家，因为他最早采用汽车生产线；亚马逊网上书店的老板是企业家，因为他开辟了网上销售渠道；比尔·盖茨也是企业家，因为他建立了微软公司这样的软件王国。因此，具有锐意进取、推出新产品或改进生产方式等创新精神的人，才是真正意义上的企业家。

（四）实干精神

企业家需要决断力、信心、说服力及坚定不移的品质。既然企业家行为是冒险性的、充满不确定性，它的最终结果必然是无法准确估算的，需要主观判断。企业家常常做出与众不同的判断，福特预见到50年以后人人开汽车而不再坐马车，乔布斯预见到20年以后人人使用计算机来学习和工作。他们用自己的坚持不懈的努力把世界推向了他们预想的方向。

第四节　创业者应具备的几个基本素质

创业者是市场的先锋，是最有企图心和创业者精神的个体，是在用自己的血汗钱、时间和信念赌自己的明天。没有任何事情能够像“做生意”一样全面考验一个人，使人袒露最本质的特性。“先做人，后做事”是创业者最基本的常识。一个精明的创业者，要直面风险，求得企业生存和发展；要果断决策，把握利益原则；要知人善用，激发和运用人的智慧；要不断创新，敏锐感受周围环境；要广泛接触，以建立有效关系。这些是对创业者个人素质的要求。

一、决断能力

管理成功的关键是明智的决策。做决策绝不是凭空想象，决策是有源之水。管理学中所说的“决策”是广义的，可以理解为作出决定的意思，它不仅指对大问题的决策，也包括对小问题的决定。小企业的决策，不在于决策的形式，关键是如何作出正确的决策。一般来说，小企业的决策方式依赖于创业者的个大决策，这就需要创业者具备一定的决策知识。我国著名的企业家田千里曾有过这样一位老板的故事。有一年他在上海参加一个研讨会，遇到了一位老板，谈起管理心得，自然就扯到了决策问题。这位老板讲：“决策这个东西就是萧何，成也萧何，败也萧何。”接着就讲起了自己的经历：“最初当老板，觉得自己挺行的，主意多，看得也准，做事好像挺顺的。记得那一年路过北京，看到一家大商场中有一家荷兰人办的专卖店，是专门卖糖果的，样式很多，大概有上百种，味道也不错，而且可以自己选，就是太贵了点，一斤要几十元，比国内的糖果贵十来倍，可是自己还是买了。店里人挤人，生意好得很。”老板接着说：“我回到家里，心里想，自己家乡就是种甘蔗的，糖多得是，为什么不自己办一个工厂，照着人家的样子也生产那种糖果？当时也没什么深入研究，就凭着一种冲动与感觉办起了工厂，虽然也遇到一些难题，但总体还挺顺的。”那位老板说到这里，眼神流露出一种喜悦与自豪。“后来就有问题了，开始是合作者之间闹分家，再往后就是资金紧张，而且就是在资金最紧张时，偏偏又做了一个大的错误决策。前年我到荷兰那家糖果公司的总部参观，发现他们不像我们那样委托商场帮我们代销或者合作经营，而都是在闹市区找一间门脸。自己开连锁店，打自己的形象。我也看了几家店，统一标识，统一标准，很整齐，很漂亮。当时我心里就拿定主意，回去也照着人家的办法办。回国后，我还是像第一次一样凭着感觉与冲动，作出了在全国上100家连锁店的决定。那一阵子忙得要命，花时间最多的是找门脸房，便宜的地段都不好，地段好的房价又实在太贵。当我刚开到30家时就出现大麻烦了，再要开店资金已经枯竭，因为是在外地开店，本地银行没把握，不愿贷款给我们，而已开的店生意虽然不错，但因房租太贵，每月赚的钱差不多都交了房租。我觉得我根本就不是老板，整个是一个给房东打工的。这样挺了一段时间，实在挺不下去，只好散伙。这一次不仅把以前赚的钱赔进去不说，而且欠下了一大笔账。栽了这个大跟头，整天都在想决策这个问题。同样的事，过去成的，现在就不成。如何能保证做好决策，始终是最让我伤脑筋的事。”后来有个研讨会，讨论了西方公司的企业决策。那位老板听得很认真，并说：“我很佩服那些世界上著名的百年老公司，如西门子、可口可乐等，人家为什么能始终立于不败之地？人家怎么做决策，制定企业战略，又怎么避免做那种大伤元气的坏决策，或者有什么办法能尽量弥补坏决策带来的后果？”

从这则故事中可以得到启示，我们的创业者要想从容不迫，要想长治久安，必须突破决策这一关，建立一套完整的科学的决策体系与决策机制。

决策是一种判断，是从若干项方案中做的选择。这种选择通常不是简单的“是”与“非”，而是对一个缺乏确定性的环境情景的选择，这是创业者管理工作的重要内容。如果决策合理，执行起来就顺利得多，效率也会提高。创业者在管理工作中多花些精力做好决策是非常必要的。

决策的内涵包括以下几点。

（1）决策总是为解决某一问题而做的决定。

（2）决策是为了达到确定的目标，如果没有目标，也就无法决策。

（3）决策是为了正确行动，不进行实践，就用不着决策。

（4）决策是从多种方案中做的选择，没有比较，没有选择，也就没有决策。

（5）决策是面向未来的，要做正确的决策，就要进行科学的预测。

二、用人之道

企业的存在，最重要的是人。人是企业最基本的元素，一个精明的创业者并不一定是一个样样精通的天才，但他肯定是一个用人的高手。创业者通过激发和运用人的智慧，通过良好的沟通技巧，知人善用，使人尽其才，扬长避短。

影响企业经营的因素很多，但最主要的在于员工的素质与工作态度；而要提高员工素质首先需要认识人，从人的角度去认识人。企业的员工是什么样的？他们想什么？他们需要什么？怎样使员工能为企业贡献一切？是什么原因让员工离开企业的？这些问题应该是创业者常要考虑的重要问题，可以从以下几方面去认识。

（1）创造性。人是有头脑的，他们有思想，有自己的个性，有创造性。

（2）社会性。每个人生活在社会中，成长在社会环境之中，受到社会的系统教育，接受社会文化的影响。他们的个性中包含着社会文化的基本属性，他们摆脱不了社会与文化的影响。

（3）尊重性。人是群居的，他们需要交流，需要理解，更需要尊重。在许多情况下人与人之间的关系远比自身重要，这就是为什么社会地位、社会认同受到人们重视的重要原因。

(4) 发展性。人类是不断发展的，创造性与追求美好未来是人类进步的源泉。希望发展自己、发挥自己、发扬自己是人生活的重要目标。

(5) 竞争性。人是有竞争的，除了适者生存的规律外，社会发展规律及价值规律进一步强化了人们的竞争意识。

(6) 情感性。人是有感情的。在人类生活中感情始终占据重要地位。创业者要注重人与人之间的友谊、帮助和关怀。

企业最重要的资源就是人，或者说是员工。一切价值，归根结底都是人创造的，没有人的劳动，将不会产生任何东西——无论是产品，还是利润。成功的企业家如比尔·盖茨、李嘉诚、张朝阳等，他们在没有大的传统资本的情况下，靠自己的智慧拥有了巨额财产，这足以证明“人是最重要的资源”。

三、善于应变

日新月异、变化迅速是人类社会发展的显著特征。作为小型企业的经营者，应该站在社会改革的前列，应该对社会变革有敏锐的观察力，对社会变革有强烈的认识和需求。如何认识变化和应对变化，已成为成功创业者的一门必修课，否则就不能适应变化的要求，最终结果只能是被社会淘汰。变革意味着风险，意味着对自己过去的否定，意味着摆脱传统的方式。在社会环境发生变化的时期，人们往往缺乏足够的知识与经验来保证适应变化，但对于创业者而言，要想保证企业生存只能以应变来适应社会。要想在未来的风浪中生存发展，创业者只能面对变化，勇于开拓。企业如逆水行舟，不进则退！创业者必须寻求和掌握一定的应变方法来适应社会。

创业者的应变力，是指创业者在市场竞争中的应变能力、适应能力。在激烈的市场竞争中，创业者应变能力、适应能力越强，企业的竞争力必然越强；反之，创业者应变能力、适应能力越弱，企业竞争力必然越弱，企业的生存与发展就面临重大威胁。因此，创业者的应变力是企业生存与发展的基本生命力。

创业者的应变力表现在以下几个方面。

（1）产品的应变力。随着市场需求的不断变化，调整自身产品的品种、规格、花色和质量等的能力。

（2）市场营销的应变力。随着市场需求的变化而不断地调整自己的营销策略和方式。

（3）管理的应变力。随着市场的变化调整经营管理制度、经营方向、用工用人制度等的能力。

创业者应变能力的大小决定了企业应变力的强弱。正因为有创业者的胆识，企业才能面对复杂多变的市场，不断推陈出新；正因为有创业者的智慧，企业才能面对复杂多变的市场，不断调整自己的营销方式和策略，不断开辟新的市场；正因为有创业者的谋略，企业才能面对复杂多变的市场，不断调整自身生产要素的组合、生产经营管理制度、生产经营方向等。由此可见，创业者的应变力是企业在竞争中取得主动和优势的源泉，是企业具有强大的竞争力和生命力的动力。

四、敢于创新

著名经济学家凯恩斯有一句名言："市场是一只看不见的手"，在市场这只巨手的指挥下，循规蹈矩的经营者紧跟着对市场的感觉走，高明的经营者让顾客跟着自己的指挥走，套句时髦的话说，叫作"引导消费"。他们才是市场的弄潮儿，是享受成功的快乐的人。这是一个飞速变化的时代，"这里将只有两种管理人员——应时而动的和已经死亡的”。现在的市场是一个工厂越来越多，产品越来越多，而消费规模却基本固定的世界，不拿出新的东西来，是难以长期吸引消费者的。就企业的发展来说，常规管理就像在走路，创新管理则是在跳跃。例如人走得快慢有区别，是在平面行进 10 米还是 20 米的区别，从 10 米走到 20 米，就是管理中所用的改良；从一层跃升到二层，就是管理中所用的创新。跃升的基础在平面，跃升的动力在于不满足老是在平面上。不然，就只有一个结果——不进则退。能够引导消费的创业者，应是创造出新的产品，产品新颖、实用、充满创意，能给生活增添方便，增加乐趣，再加以大量的广告宣传，引得人们纷纷购买，这是高明的经营者。顶尖高手则能够创造一种生活方式，他告诉人们，这是一种新的生活方式，选择了它就选择了时尚，选择了享受。

五、创新应具备的个性特征

提到创业者创新的条件，人们自然会想到需要人力、物力、财力、制度等各种条件。应该说，这些条件在创新中是缺一不可的。然而，对于创新而言，创业者的个性特征也是至关重要的。在现实生活中，人们面临同样的环境条件，有的人能实现创新，而有的人却熟视无睹或者力不从心，其关键就在于他们的内在条件怎样。一个具有创新精神的创业者应有坚定的信念、优良的品德、坚韧的精神、必胜的信心、巨大的魄力、充沛的精力、渊博的知识、丰富的经验、优异的才能等素质特征。具体表现在以下几个方面。

（1）有一个明晰的最初想法。即要明确创新最终所要达到的成果是什么，并且有实现目标的一系列途径和方法。

（2）要争取赢得员工的支持。创新有赖于企业全体员工的理解和支持，在创新的过程中，需要同员工建立起联盟，在这个联盟中每个人都同样坚信这个创新是值得的。

(3) 要有承担风险的勇气。创新是一种尝试和体验，在实施创新的过程中，既可以享受成功的喜悦，也要承担一定的风险。

(4) 要有个性魅力。创业者在创新的过程中可采用参与型的管理风格，鼓励员工行动起来，激励员工作出积极的努力和贡献。

(5) 要有广泛的兴趣。创新来自于创业者对身边事物的强烈的好奇心，能够从平凡中发现奇异，从司空见惯的日常现象中发现不同寻常之处。广泛的兴趣能够使创业者扩大交往范围，接触多方面事物，获得广博的知识，受到有益的启发，从而刺激和促进智力的发展，并使大脑时常处于兴奋状态，进行创造性的思维活动。

(6) 要善于取舍。任何一个人的时间和精力都是有限的，无法完成所有想做和应该做的事，因此必须对可以忽略什么作出选择。作为创业者，要有选择重点，把自己的知识、智能、精神和时间都聚合起来，形成一股强大的、具有突破性的创造力量。

(7) 要有敏锐的洞察力。创新依赖于创业者的直觉，能够不失时机地从险象丛生的市场经济环境中寻找和发现机会。这种机会或是别人还没有看到，或是别人看到了但还没有利用，或是别人看到了并正在利用但还没有充分利用，或是别人曾经看到并也利用过但由于种种原因又放弃利用的各种机会。

(8) 要有坚强的性格。创业者对于自己认准的事情，即使遇到阻挠和非议也应能够一往无前、百折不回，遇事有主见，相信自己所做事情的价值，对现有的事物不盲从，不人云亦云、随声附和。

【案例】

把传统化为时尚

——冯虹发明彩色面条的感悟

你信不信？一碗小小的手擀面居然能推动当地一场饮食革命。南京街头一家小面馆的女老板，就因为发明了一种色彩艳丽和具有较高营养成分的“彩虹面”，不但一举打破了传统饮食格局，让小店生意火爆，也迅速改变了自己的贫困命运。

已经跨过了40岁大关的冯虹是南京市下关区人，仅有初中文化。没有工作的她在南京市莫愁湖公园附近相中一个小店，开了一家毫不起眼的小面馆，经营的是纯粹的手擀面，生意一直谈不上红火。

冯虹是个勤于思考的人，闲下来的时候，一直在琢磨如何改进手擀面，让更多的食客都能喜欢它。一次，她为一位客人下面条时，无意间发现锅内的白色清汤里夹杂着几点红色，仔细一瞧，发现是自己下面条时把几片胡萝卜片粘在了面条上。可没想到，面条下熟后这几许红色在水里煞是好看。她忽然由此想到：“烹饪上讲究色、香、味，我能否把手擀面做成彩色的呢?”现在人们都追求纯天然和绿色食品，如果自己能制作出绿色面条，这不正好符合了市场的需求吗?

当天晚上，她就开始琢磨起来：要让面条有颜色当然要有色彩的来源，而且还必须来自天然、无污染和能食用的物品。她首先想到了蔬菜，第二天就骑着自行车来到了菜市场。

真是天助有心人，她一走进菜市场就发现了一个菜摊上有几棵清脆欲滴的紫色包菜。卖菜的大爷告诉她：“这是西洋包菜，跟咱们以前吃的包菜不一样，属于纯绿色蔬菜。”冯虹听了介绍，便当即买下了一棵。回到家后，她剥下一片包菜叶子，洗净，然后用手把叶片一点点掰碎，把它放到了榨汁机的容器里。为了取得最浓的色汁，她没对一点水。3 分钟后，叶片开始在容器里一点点融化，最后变成了浓稠的浆。她从过滤器里倒出了紫红色的叶汁，又从面袋里取出一些面粉，糅合进去，做成了面条，并在煤气灶上煮开试验。哗，锅中的面条竟然都变成了紫罗兰色，漂亮极了。彩色面条虽然试制出来，一个难题却也摆在了她面前：筷子一碰到面条，面条就一截截地断掉了，一锅清汤竟变成了紫色面糊。捞起一勺放进嘴里，冯虹更失望了，这彩面不但易碎、易断，也远没有正常的手擀面筋道。

这是什么原因呢？第二天，她拜访了南京市的一位面食专家。经过请教，明白了问题出在面粉上。原来，她用的是一般人家常食用的精制面粉，面质比较细，所以做出来的面食就较软；而粗加工的面粉加工环节少，面粉的各种营养成分损失较少，同时面粉的组织连续性也比较高，用这种面做出来的东西就不易散和断，也就更筋道了。知道了面的特性，冯虹便买了一些粗制面粉做实验，果然再也没有出现散和断的现象。

冯虹终于发明出一种原汁原味、色彩艳丽的绿色手擀面条，可是对外出售时又碰到了新问题。一些顾客品尝了她的绿色面条后，反映说，这种面条虽然看起来很美，但吃起来却不润滑爽口。冯虹再次登门请教那位饮食专家。专家给她提供了一组相关的食品作参考。经过长时间的实践、比较，冯虹最终选定了一种常见的又富含高营养的润滑剂（这是商业秘密，恕不能具体说明）。此后，她又经过反复实践，终于摸索出面团和润滑剂的最佳配比。从此后，她制作出来的彩色手擀面条既润滑又爽口，得到了顾客的喜爱，人们纷纷好奇而来，小店顿时异常火爆。

六、社会交往

企业存在于社会之中，是与外界环境广泛接触的一个经济实体，要面对政府机构、协作单位、金融机构和广大的消费者。随着经济一体化的发展，要求小型企业放开眼界，广泛结识朋友，借助社会力量，采用多种形式宣传企业形象与品牌，建立有效的社会关系，以便左右逢源，上下通达，财源广进。

（一）小型企业的主要社会关系

创业者大多擅长建立良好的人际关系。他们愿意与人打交道，“乐善好施”更增添了他们的个人魅力。要想取得成功，一般意义上的“关系”不足以维系企业的增长。良好的内外关系不仅建立在良好的个人感情基础上，而且建立在共同的利益基础之上，要能为对方着想，“有钱大家赚”，与容易合作的人合作。

1. 小型企业在经营过程中的关系

具体地说，小型企业在经营中存在着以下主要关系。①企业与消费者的关系；②企业与供应商的关系；③企业与竞争者的关系；④企业与自然环境的关系；⑤企业与政府的关系；⑥企业与社区的关系；⑦企业与公众的关系；⑧企业与所有者的关系；⑨企业与经营者的关系；⑩企业与员工的关系；⑪管理者与员工的关系；⑫员工与员工的关系；⑬员工与事、物的关系等。

2. 小型企业的社会责任

小型企业的社会责任的具体内容十分广泛，大致可以概括为以下几个方面。

(1) 对消费者。深入调查并千方百计地满足消费者的需求；广告要真实，交货要及时，价格要合理，产品使用要方便、经济、安全、产品包装不应引起环境污染。

(2) 对供应者。恪守信誉，严格执行合同。

(3) 对竞争者。公平竞争。

(4) 对政府、社区。执行国家的法令、法规，照章纳税，保护环境，提供就业机会，支持社区建设。

(5) 对所有者。提高投资效益率，提高市场占有率，股票升值。

(6) 对员工。提供公平的上岗就业、报酬、调动、晋升机会，安全、卫生的工作条件，丰富的文化、娱乐活动，参与管理、全员管理，教育、培训，利润分享。

(7) 解决社会问题。典型的做法有救济无家可归人员，安置残疾人就业，资助失学儿童重返学校。

(二) 赢得政府的支持

小企业的生存依赖于政府。开办企业必须要设法赢得政府的支持。每家企业的情况各不同，有的需要政府部门的保护，有的需要政府部门给其减免税收，有的需要政府给予优惠贷款，还有的要求政府给予某些方面的独占经营权。要求不同，需要政府支持的方面也不同，下面提供一些常见的方法。

1. 扩大影响，赢得政府贷款

美国政府担保拯救克勒斯勒汽车公司已为世人熟知。美国的第三大汽车制造公司克勒斯勒公司一直经营不善，面临破产的边缘。在日本的廉价汽车占领美国市场的时候，公司好像失去了斗志，既没有能力开发出新的车型，也没有行之有效的销售策略。公司的股票不断下降，工人罢工，面临破产。这时，危难之中就任总裁的李·亚柯卡极力向政府游说和陈述克勒斯勒公司不能破产，如果它破产，就会造成新的失业大军，也会造成地区经济的滑坡，更会影响到社会的稳定。公司申请政府贷款，理直气壮地向政府伸出了手。美国政府组成了一个专家小组对公司的情况进行调查，调查报告显示它需要获得政府支持。随后美国国会立即通过了援助克勒斯勒公司法案，政府出面对公司进行了改组，改组的结果是克勒斯勒公司保住了第三大汽车公司的位置，公司最终度过了危机。

纵观整个世界，不论大小企业，一旦发生信用危机，往往要求政府给予担保，从银行借款。这当然是市场经济不健全的一种特殊现象，但在世界各国，不论是资本主义国家，还是社会主义国家，靠政府的支持渡过难关的比比皆是。

2. 打造声势，引起社会注意

企业在市场经营中，会发现市场的潜在需求，有些是政府还没有注意到的，这就需要通过创业者的努力，采用某些方法形成影响。例如南方有一个大型的房地产公司就有一次成功的经验。当时由于受经济过热的影响，房地产的开发都十分注重高档房产的建造。这家公司敏锐地感觉到未来的房地产只能以大部分人能够消费得起的中低档房为主流，但是政府缺乏明确的支持和优惠政策。为引起政府注意，这家房地产公司自己筹备资金召开了一次“中国房地产开发战略研讨会”，特地邀请政府部门领导参加。在研讨会上，各位专家大声呼吁重视城市中低档房产开发，给政府领导印象深刻。不久，一个支持中低档房建设的方案出台了。该公司趁热打铁，立即推出几个中低档房的项目，由于是政府明确支持的项目，所以在项目审批、资金来源等方面都受到各个部门的重视。不久，各地住房改革开始，高档公寓滞销；相反，中低档房的需求却迅速增加，该公司正好赶上这个潮流，业务量大增，一举成为这个城市的房地产明星企业。

3. 利用中介，形成紧密关系

为了获得更多的市场，创业者往往努力拓展新的经营领域，但初到陌生的地方经营业务，想立即与当地政府建立亲密的联系是相当困难的。一般情况下，有经验的企业都会利用中介组织来达到目的。中介组织由当地社会的知名人士组成，和地方政府的关系相当紧密，利用中介组织可以迅速拉近公司与政府的关系。

4. 广泛交往，全面宣传自己

办企业的人应该首先向政府宣传自己，使政府能够认识到企业存在的意义，否则即使有各种发展的机会，也抓不住。

（三）赢得顾客满意

创业者要处理的关系是方方面面的，其中企业与顾客的关系是最直接和最频繁发生的，不把这个最重要的关系处理好，其他的一切都显得无意义。企业和顾客之间到底是怎样的关系呢？作为小型企业的经营者，是真的时时想着顾客的利益，还是时时想着如何将钱从顾客的口袋里掏出来？让我们先听两个真实的故事。

理查·彼得森是一名美国商人。一天早晨他要从斯德哥尔摩一家饭店乘 SAS 航空公司的飞机到哥本哈根开一个重要会议。当他到达机场后，他发现自己的机票忘在了饭店里。“没有机票不能乘机”这是常识，所以彼得森打算取消参加会议，但当他抱着一线希望到 SAS 的检录处问询时，服务小姐的答复让他感到意外的惊喜。“彼得森先生，请您不要着急。”小姐微笑答道，“这是您的登机牌，我可以先给您在电脑中输入一个临时机票。您可以告诉我您饭店的房间号及目的地的地址吗？其他一切您就不用管了。”就在彼得森先生在候机室等候飞机时，这位小姐打电话到饭店，饭店服务员果然在房间内发现了机票，接着 SAS 派出专车取回了机票。当彼得森正准备登机时，那位小姐满脸笑容地出现了，“先生这是您的机票”。当彼得森听到这句话时，惊讶得一句话都说不出来。

在中国人的心目中，北京机场应该是中国的对外窗口，有先进的设备、良好的服务等，可是，若不是亲临其境，真不知是那样的差强人意。那天，会议结束从北京返回广东，到达机场，由于电子屏幕没有航班显示，好大的机场不知到哪里寄行李、换登机牌，就得去问服务人员，问谁都是一样的面无表情，冷若冰霜，扬扬头吐出两个字“那边”，到底是哪边，不得而知。后来同机的乘客互相帮忙，总算登机。

（四）赢得企业间的交往

有一天，偶然打开电视，看到《动物世界》节目中正在讲述非洲热带森林中的故事。电视画面上看到一只犀牛张开它巨大的嘴，将原先停在它眼前的一只小鸟关在自己的嘴中，你会怎么想？“哦，可怜的小东西就这么没了。”可继续看下去，你就会发现，犀牛再次张开嘴时，小鸟又飞出来了。这是怎么回事？原来这种鸟叫牙签鸟，它是专门以剔食犀牛嘴中的食物残渣为生的；而犀牛也很乐意这可爱的小鸟为自己维护口腔卫生。这个故事很有些耐人寻味，原来自然界中不仅存在着残酷的竞争，也有和平的共生共处。那么办企业是不是也能像自然界中的犀牛和牙签鸟这样，在残酷的竞争中互助互利，同利共生呢？答案是当然可以。

小天鹅牌洗衣机是很多消费者认同的产品，“全心全意小天鹅”的广告词已深得人心。碧浪洗衣粉是宝洁公司的著名品牌，“真真正正，干干净净”的广告词也广为人知。小天鹅公司和宝洁公司，分别是两家有名的家电公司和日化公司。洗衣机和洗衣粉已形成鱼儿离不开水，花儿离不开秧的关系，电器公司和日化公司之间该以一种怎样的方式相处呢？他们是这样做的：小天鹅公司在商场销售该公司生产的洗衣机时，同时宣传介绍碧浪洗衣粉。顾客在购买小天鹅洗衣机时，会在包装箱内发现一个小塑料袋。塑料袋里装了三件东西，一袋碧浪洗衣粉，一本小册子和一张不干胶广告。那一小袋洗衣粉是宝洁公司提供的赠品，可以看做是小天鹅洗衣机的一种促销手段；同时也宣传了碧浪洗衣粉。此外，一起装在袋中的小册子，其封面上印的图像是小天鹅洗衣机和碧浪洗衣粉在蓝天白云中飞翔，上面有醒目的几个大字："小天鹅全心全意推荐碧浪"。小册子的内容是介绍碧浪洗衣粉和小天鹅洗衣机的使用方法，而且把介绍碧浪的内容放在前面。与此相对应的是，碧浪洗衣粉也在本产品的包装袋上印上小天鹅洗衣机的宣传图片。像小天鹅在介绍时强调"选择合适的洗衣粉才能洗净衣物和保护洗衣机"一样，碧浪洗衣粉则强调"选择合适的洗衣机才能充分发挥洗衣粉的洗涤效果，并且保护衣物"。结果是："小天鹅、碧浪全心全意带来真正干净。"

"同行是冤家"，也许已成为一种思维定式，在处理与其他企业的关系时，常常弄得人人紧张，但换一个角度，换一种思维方式，事情可能变得容易得多。

主要参考文献

农业部农民科技教育培训中心 . 2017. 新型职业农民培训规范［M］. 北京：中国农业出版社 .

沈琼 . 2017. 中国新型职业农民培育研究［M］. 北京：中国农业出版社 .

王溢泽 . 2017. 高职院校培养新型职业农民的对策研究［M］. 成都：四川大学出版社 .

熊格生，胡小平，邓享棋 . 2017. 新型职业农民 200 问［M］. 长沙：湖南人民出版社 .

张晓山 . 2018. 新型职业农民教育培养重大问题研究［M］. 北京：高等教育出版社 .